国家自然科技资源共享平台项目资助

农作物种质资源技术规范丛书（4－37）

荸荠种质资源描述规范和数据标准

Descriptors and Data Standard for Chinese Water Chestnut

Heleocharis dulcis (Burm. f.) Trin. ex Hensch.

李 峰 柯卫东 等 编著

中国农业科学技术出版社

图书在版编目（CIP）数据

荸荠种质资源描述规范和数据标准／李峰，柯卫东等编著．—北京：中国农业科学技术出版社，2013.10
（农作物种质资源技术规范丛书）
ISBN 978－7－5116－1210－6

Ⅰ.①荸…　Ⅱ.①李…②柯…　Ⅲ.①荸荠－种质资源－描写－规范②荸荠－种质资源－数据－标准　Ⅳ.①S645.3－65

中国版本图书馆 CIP 数据核字（2013）第 037861 号

责任编辑　张孝安　涂润林
责任校对　贾晓红

出 版 者　中国农业科学技术出版社
北京市中关村南大街 12 号　邮编：100081
电　　话　（010）82109708（编辑室）　（010）82109703（发行部）
（010）82109709（读者服务部）
传　　真　（010）82106650
网　　址　http://www.castp.cn
经 销 者　各地新华书店
印 刷 者　北京科信印刷有限公司
开　　本　710 mm×1 000 mm　1/16
印　　张　5
字　　数　95 千字
版　　次　2013 年 10 月第 1 版　2013 年 10 月第 1 次印刷
定　　价　29.00 元

《农作物种质资源技术规范》
总编辑委员会

《荸荠种质资源描述规范和数据标准》
编 写 委 员 会

主　编　李　峰　柯卫东

副主编　刘义满　林处发　谭本忠

执笔人　（以姓氏笔画为序）

叶元英　朱红莲　刘义满　刘玉平　刘　武
李双梅　李　峰　林处发　柯卫东　黄来春
黄新芳　彭　静　傅新发　谭本忠　魏玉翔

审稿人　（以姓氏笔画为序）

方嘉禾　孔庆东　叶奕佐　刘艳玲　江用文
江解增　寿森炎　李良俊　姚明华　郭文武
熊兴平

审　校　曹永生

《农作物种质资源技术规范》

前　　言

农作物种质资源是人类生存和发展最有价值的宝贵财富，是国家重要的战略性资源，是作物育种、生物科学研究和农业生产的物质基础，是实现粮食安全、生态安全与农业可持续发展的重要保障。中国农作物种质资源种类多、数量大，以其丰富性和独特性在国际上占有重要地位。经过广大农业科技工作者多年的努力，目前已收集保存了38万份种质资源，积累了大量科学数据和技术资料，为制定农作物种质资源技术规范奠定了良好的基础。

农作物种质资源技术规范的制定是实现中国农作物种质资源工作标准化、信息化和现代化，促进农作物种质资源事业跨越式发展的一项重要任务，是农作物种质资源研究的迫切需要。其主要作用是：①规范农作物种质资源的收集、整理、保存、鉴定、评价和利用；②度量农作物种质资源的遗传多样性和丰富度；③确保农作物种质资源的遗传完整性，拓宽利用价值，提高使用时效；④提高农作物种质资源整合的效率，实现种质资源的充分共享和高效利用。

《农作物种质资源技术规范》是国内首次出版的农作物种质资源基础工具书，是农作物种质资源考察收集、整理鉴定、保存利用的技术手册，其主要特点：①植物分类、生态、形态，农艺、生理生化、植物保护，计算机等多学科交叉集成，具有创新性；②综合运用国内外有关标准规范和技术方法的最新研究成果，具有先进性；③由实践经验丰富和理论水平高的科学家编审，科学性、系统性和实用性强，具有权威性；④资料翔实、结构严谨、形式新颖、图文并茂，具有可操作性；⑤规定了粮食作物、经济作物、蔬菜、果树、牧草绿肥五大类100多种作物种质资源的描述规范、数据标准和数据质量控制规范，以及收集、整理、保存技术规程，内容丰富，具有完整性。

《农作物种质资源技术规范》是在农作物种质资源50多年科研工作的基础上，参照国内外相关技术标准和先进方法，组织全国40多个科研单位，500多名科技人员进行编撰，并在全国范围内征求了2 000多位专家的意见，召开了近百次专家咨询会议，经反复修改后形成的。《农作物种质资源技术规范》按不同作物分册出版，共计100余册，便于查阅使用。

《农作物种质资源技术规范》的编撰出版，是国家自然科技资源共享平台建设的重要任务之一。国家自然科技资源共享平台项目由科技部和财政部共同立项，各资源领域主管部门积极参与，科技部农村与社会发展司精心组织实施，农业部科技教育司具体指导，并得到中国农业科学院的全力支持及全国有关科研单位、高等院校及生产部门的大力协助，在此谨致诚挚的谢意。由于时间紧、任务重、缺乏经验，书中难免有疏漏之处，恳请读者批评指正，以便修订。

总编辑委员会

前　言

荸荠是莎草科（Cyperaceae）荸荠属（*Heleocharis* R. Br.）中的一个种，多年生浅水草本植物，学名 *Heleocharis dulcis*（Burm. f.）Trin. ex Hensch.，别名马蹄、地栗、乌芋、凫茈等。

荸荠原产于中国南方和印度。中国关于荸荠最早记载见于《尔雅》（约公元前2世纪）：“芍，凫茈”，郭璞（314年前后）注：“生下田，苗似龙须而细，根如指头，黑色，可食”。《名医别录》（公元526年前后）中称“乌芋”，“荸荠”一名是北宋成书的《物类相感志》（11世纪下半叶）、《本草演义》（1116年）等首次著录的。关于荸荠栽培最早见于南宋嘉泰元年（1201年）浙江《吴兴志》：“凫茨，……，今下田种”。随后，元至正二年（1342年）浙江《四名（今宁波）续志》又有记载：“生湖泊下田，亦可种，苗似龙须而细，根似指大，黑色”。根据这两则关于荸荠栽培最早的记载推测荸荠驯化栽培大约始于两宋之际。以后安徽、浙江、湖南的地方志中陆续有荸荠栽培的记载。《便民图纂》（1502年）中首次述及荸荠的具体栽培方法。荸荠经济栽培历来主要在长江流域以南，尤其以东南沿海一带较多，江浙两省不仅驯化栽培比较早，比较盛，而且品质也比较好（《学圃杂疏》，1587年），广西桂林一带所产荸荠虽然品质也较好，但却在清中叶才见称于世，因此推测江浙一带可能是中国驯化栽培荸荠的起源中心。目前，在中国荸荠的经济栽培则主要在长江流域及其以南地区。荸荠栽培已经形成了几个著名产区，如广西桂林，浙江余杭，江苏高邮和苏州，福建福州，湖北孝感、团风和沙洋，安徽庐江和宣州等。

荸荠的野生种在国外主要分布于东南亚、美洲、欧洲和大洋洲等国家的池沼、滩涂等低洼地带；在中国，除高寒地区外，其分布几乎遍及全国各个省（区）、市。

荸荠除作蔬菜和水果外，还可加工制罐、提取淀粉或制作蜜饯等，而且具有很高的药用价值，其产品市场前景广阔。据不完全统计，截至1998

年，我国荸荠栽培面积约为3.5万hm^2，年产75万t左右，主要供国内市场鲜销，仅部分加工成罐头或冷藏，经香港或台湾转销东南亚和欧美各国，并且出口量逐年增加，如美国1983—1987年进口数量几乎增加了2.5倍。

国家种质武汉水生蔬菜资源圃自20世纪80年代开始对中国荸荠资源分布情况进行调查，并在国内外范围内进行了收集工作，目前已收集保存国内外荸荠种质资源100多份，其主要来自我国各个省（区）、市以及东南亚各国。经过近20年的国家科技攻关研究，对其农艺性状、品质性状等指标进行了试验研究，鉴定筛选出一批丰产、优质的优良种质。

规范标准是国家自然科技资源共享平台建设的基础，荸荠种质资源描述规范和数据标准的制定是国家农作物种质资源平台建设的重要内容。制定统一的荸荠种质资源规范标准，有利于整合全国荸荠种质资源，规范荸荠种质资源的收集、整理和保存等基础性工作，创造良好的资源和信息共享环境和条件；有利于保护和利用荸荠种质资源，充分挖掘其潜在的经济、社会和生态价值，促进全国荸荠种质资源研究的有序和高效发展。

荸荠种质资源描述规范规定了荸荠种质资源的描述符及其分级标准，以便对荸荠种质资源进行标准化整理和数字化表达。荸荠种质资源数据标准规定了荸荠种质资源各描述符的字段名称、类型、长度、小数位、代码等，以便建立统一的、规范的荸荠种质资源数据库。荸荠种质资源数据质量控制规范规定了荸荠种质资源数据采集全过程中的质量控制内容和质量控制方法，以保证数据的系统性、可比性和可靠性。

《荸荠种质资源描述规范和数据标准》由武汉市蔬菜科学研究所主持编写，并得到了全国荸荠科研、教学和生产单位的大力支持。在编写过程中，参考了国内外相关文献，由于篇幅所限，书中仅列主要参考文献，在此一并致谢。由于编著者水平有限，错误和疏漏之处在所难免，恳请批评指正。

编著者

目　　录

一　荸荠种质资源描述规范和数据标准制定的原则和方法

1　荸荠种质资源描述规范制定的原则和方法

1.1　原则

1.1.1　优先采用现有数据库中的描述符和描述标准。

1.1.2　以种质资源研究和育种需求为主，兼顾生产与市场需要。

1.1.3　立足中国现有基础，考虑将来发展，尽量与国际接轨。

1.2　方法和要求

1.2.1　描述符类别分为 6 类

1　基本信息
2　形态特征和生物学特性
3　品质特性
4　抗逆性
5　抗病虫性
6　其他特征特性

1.2.2　描述符代号由描述符类别加两位顺序号组成。如“110”、“208”、“501”等。

1.2.3　描述符性质分为 3 类

M　必选描述符（所有种质都必须鉴定评价的描述符）
O　可选描述符（可选择鉴定评价的描述符）
C　条件描述符（只对特定种质进行鉴定评价的描述符）

1.2.4　描述符的代码是有序的。如数量性状从细到粗、从低到高、从小到大、从少到多排列，颜色从浅到深，抗性从强到弱等。

1.2.5　每个描述符应有一个基本的定义或说明。数量性状应标明单位，质量性状应有评价标准和等级划分。

1.2.6　植物学形态描述符应附模式图。

1.2.7　重要数量性状应以数值表示。

2 荸荠种质资源数据标准制定的原则和方法

2.1 原则

2.1.1 数据标准中的描述符应与描述规范相一致。

2.1.2 数据标准应优先考虑现有数据库中的数据标准。

2.2 方法和要求

2.2.1 数据标准中的代号与描述规范中的代号一致。

2.2.2 字段名最长12位。

2.2.3 字段类型分字符型（C）、数值型（N）和日期型（D）。日期型的格式为YYYYMMDD，如“20060416”表示2006年4月16日。

2.2.4 经度的类型为N，格式为DDDFF；纬度的类型为N，格式为DDFF，其中，D为度，F为分；东经以正数表示，西经以负数表示；北纬以正数表示，南纬以负数表示，如经度“12136”表示东经121°36′，“纬度-3921”表示南纬39°21′。

3 荸荠种质资源数据质量控制规范制定的原则和方法

3.1 原则

3.1.1 采集的数据具有系统性、可比性和可靠性。

3.1.2 数据质量控制以过程控制为主，兼顾结果控制。

3.1.3 数据质量控制方法应具有可操作性。

3.2 方法和要求

3.2.1 鉴定评价方法以现行国家标准和行业标准为首选依据；如无国家标准和行业标准，则以国际标准或国内比较公认的先进方法为依据。

3.2.2 每个描述符的质量控制应包括田间设计，样本数或群体大小，时间或时期，取样数和取样方法，计量单位、精度和允许误差，采用的鉴定评价规范和标准，采用的仪器设备，性状的观测和等级划分方法，数据校验和数据分析。

二　荸荠种质资源描述简表

序号	代号	描述符	描述符性质	单位或代码
1	101	全国统一编号	M	
2	102	种质圃编号	M	
3	103	引种号	C/国外资源	
4	104	采集号	C/野生资源或地方品种	
5	105	种质名称	M	
6	106	种质外文名	M	
7	107	科名	M	
8	108	属名	M	
9	109	学名	M	
10	110	原产国	M	
11	111	原产省	M	
12	112	原产地	M	
13	113	海拔	C/野生资源或地方品种	m
14	114	经度	C/野生资源或地方品种	
15	115	纬度	C/野生资源或地方品种	
16	116	来源地	M	
17	117	保存单位	M	
18	118	保存单位编号	M	
19	119	系谱	C/选育品种或品系	
20	120	选育单位	C/选育品种或品系	
21	121	育成年份	C/选育品种或品系	
22	122	选育方法	C/选育品种或品系	

（续表）

序号	代号	描述符	描述符性质	单位或代码
23	123	种质类型	M	1：野生资源　2：地方品种 3：选育品种　4：品系 5：遗传材料　6：其他
24	124	图像	O	
25	125	观测地点	M	
26	201	植株高度	M	cm
27	202	叶状茎粗度	M	mm
28	203	叶状茎表面	O	1：平滑　2：具槽或纵肋
29	204	叶状茎颜色	M	1：淡　2：绿
30	205	叶状茎横隔膜	O	0：无　1：有
31	206	叶片退化状况	O	1：退化缺失　2：具鳞片状叶
32	207	叶鞘颜色	O	1：绿白色　2：上部绿白色，下部黑褐色 3：淡黑褐色　4：黑褐色
33	208	叶鞘长度	O	cm
34	209	叶鞘粗度	O	mm
35	210	叶鞘顶端形状	O	1：渐尖　2：锐尖 3：钝尖
36	211	根状茎长度	O	cm
37	212	根状茎粗度	O	mm
38	213	球茎形状	M	1：阔横椭球形 2：横椭球形 3：近圆球形
39	214	球茎颜色	M	1：浅红褐　2：中等红褐色 3：深红褐　4：紫红褐色
40	215	球茎高度	M	cm
41	216	球茎长横径	M	cm
42	217	球茎短横径	M	cm
43	218	球茎侧芽大小	M	1：小　2：中 3：大
44	219	球茎侧芽数	M	个

（续表）

序号	代号	描述符	描述符性质	单位或代码
45	220	球茎脐部	M	1：深凹　2：凹 3：平
46	221	单个球茎重	M	g
47	222	小穗形状	O	1：圆柱形　2：卵形 3：长卵形　4：披针形
48	223	小穗顶端形状	O	1：锐尖　2：钝尖
49	224	小穗颜色	O	1：灰白色　2：淡绿色 3：淡褐色　4：紫红色
50	225	小穗长度	O	cm
51	226	小穗粗度	O	mm
52	227	小穗花数	O	朵/小穗
53	228	鳞片形状	O	1：长圆形　2：卵形 3：近方形　4：披针形
54	229	鳞片顶端形状	O	1：锐尖　2：圆钝
55	230	鳞片长度	O	mm
56	231	鳞片宽度	O	mm
57	232	鳞片排列	O	1：紧密　2：疏松
58	233	果实形状	O	1：双凸状倒卵形 2：三棱状倒卵形 3：双凸状广倒卵形 4：长圆状倒卵形
59	234	果实颜色	O	1：黄色　2：淡褐色 3：褐色　4：棕色
60	235	果实表皮纹路	O	1：不规则排列多边形 2：整齐排列矩形
61	236	果实长度	O	mm
62	237	果实宽度	O	mm
63	238	千粒重	O	g
64	239	柱头数	O	

（续表）

序号	代号	描述符	描述符性质	单位或代码
65	240	花柱基形状	O	1：圆锥形　2：棱锥形 3：圆球形　4：扁球形 5：圆柱形
66	241	刚毛数	O	条
67	242	刚毛长度	O	mm
68	243	刚毛形状	O	1：线状　2：羽状
69	244	分株强度	M	1：强　2：中 3：弱
70	245	播种期	M	
71	246	萌芽期	M	
72	247	定植期	M	
73	248	分株期	M	
74	249	始花期	M	
75	250	休眠期	M	
76	251	熟性	M	1：早熟　2：中熟 3：晚熟
77	252	产量	M	kg/hm^2
78	301	硬度	O	kg/cm^2
79	302	甜度	M	1：淡　2：较甜 3：甜
80	303	肉质	M	1：脆　2：较脆
81	304	化渣	M	1：低　2：中 3：高
82	305	干物质含量	M	%
83	306	淀粉含量	M	%
84	307	可溶性固形物含量	O	%
85	308	耐贮性	O	3：强　5：中 7：弱
86	401	耐旱性	O	3：强　5：中 7：弱

（续表）

序号	代号	描述符	描述符性质	单位或代码
87	402	耐涝性	O	3：强　5：中 7：弱
88	403	抗倒伏性	O	3：强　5：中 7：弱
89	501	秆枯病抗性	O	1：高抗　3：抗病 5：中抗　7：感病 9：高感
90	502	枯萎病抗性	O	1：高抗　3：抗病 5：中抗　7：感病 9：高感
91	601	核型	O	
92	602	指纹图谱与分子标记	O	
93	603	备注	O	

三　荸荠种质资源描述规范

1　范围

本规范规定了荸荠种质资源的描述符及其分级标准。

本规范适用于荸荠种质资源的收集、整理和保存，数据标准和数据质量控制规范的制定，以及数据库和信息共享网络系统的建立。

2　规范性引用文件

下列文件对于本规范的应用是必不可少的。凡是注日期的引用文件，仅所注日期的版本适用于本规范。凡是不注日期的引用文件，其最新版本（包括所有的修改单）适用于本规范。

GB/T 2260　中华人民共和国行政区划代码

GB/T 2659　世界各国和地区名称代码

GB/T 8854—1988　蔬菜名称（一）

GB/T 10220—2012　感官分析　方法学　总论

GB/T 12404　单位隶属关系代码

ISO 3166　Codes for the Representation of Names of Countries

3　术语和定义

3.1　荸荠

莎草科（Cyperaceae）荸荠属（*Heleocharis* R. Br.）中的一个种，多年生浅水草本植物，学名 *Heleocharis dulcis*（Burm. f.）Trin. ex Hensch.，异名 *Eleocharis tuberosa*（Roxb.）Roem. et Schult.，别名马蹄、地栗、乌芋、凫茈等。球茎供食用，生产上一般作一年生栽培。

3.2　荸荠种质资源

荸荠野生资源、地方品种、选育品种、品系、遗传材料等。

3.3　基本信息

荸荠种质资源基本情况描述信息，包括全国统一编号、种质名称 、学名、原产地、种质类型等。

3.4　形态特征和生物学特性

荸荠种质资源的物候期、植物学形态、产量性状等特征特性。

3.5　品质特性

荸荠种质资源的感官品质和营养品质性状。感官品质性状主要包括甜度、肉质、硬度、化渣、耐贮性等；营养品质包括干物质含量、可溶性糖含量、淀粉含量、可溶性固形物含量等。

3.6　抗逆性

荸荠种质资源对各种非生物胁迫的适应或抵抗能力，包括耐旱性、耐涝性、抗倒伏性等。

3.7　抗病虫性

荸荠种质资源对各种生物胁迫的适应或抵抗能力，包括秆枯病抗性、枯萎病抗性等。

3.8　荸荠的生育周期

荸荠一般采用无性繁殖，其生育周期可分为球茎萌芽期、分株期、球茎形成期、球茎休眠期。从母球茎顶芽萌动至抽生叶状茎高10～15cm止为球茎萌芽期。从萌芽期结束开始至开始抽生结球型根状茎为止为分株期。从开始抽生结球型根状茎至球茎充分膨大成熟止为球茎形成期，此期包括开花结籽期。从球茎充分膨大成熟至球茎开始萌动为球茎休眠期。

4　基本信息

4.1　全国统一编号

种质的惟一标识号，荸荠种质资源的全国统一编号由“V11F”加4位顺序号组成。

4.2　种质圃编号

荸荠种质在国家种质资源圃内的编号。

4.3　引种号

荸荠种质从国外引入时赋予的编号。

4.4　采集号

荸荠种质在野外采集时赋予的编号。

4.5　种质名称

荸荠种质的中文名称。

4.6 种质外文名

国外引进荸荠种质的外文名或国内种质的汉语拼音名。

4.7 科名

莎草科（Cyperaceae）。

4.8 属名

荸荠属（*Heleocharis* R. Br. ）。

4.9 学名

荸荠种质的学名为 *Heleocharis dulcis*（Burm. f. ）Trin. ex Hensch. ，异名 *Eleocharis tuberosa*（Roxb. ）Roem. et Schult. 。

4.10 原产国

荸荠种质原产国家名称、地区名称或国际组织名称。

4.11 原产省

国内荸荠种质原产省份名称；国外引进种质原产国家一级行政区的名称。

4.12 原产地

国内荸荠种质的原产县（县级市）、乡（镇）、村名称 。

4.13 海拔

荸荠种质原产地的海拔高度，单位为 m。

4.14 经度

荸荠种质原产地的经度，单位为（°）和（′）。格式为 DDDFF，其中，DDD 为度，FF 为分。

4.15 纬度

荸荠种质原产地的纬度，单位为（°）和（′）。格式为 DDFF，其中，DD 为度，FF 为分。

4.16 来源地

国外引进荸荠种质直接来源国家名称，地区名称或国际组织名称；国内种质的来源省（自治区或直辖市）、县（县级市）名称。

4.17 保存单位

荸荠种质提交国家农作物种质资源圃前的原保存单位名称。

4.18 保存单位编号

荸荠种质原保存单位赋予的种质编号。

4.19 系谱

荸荠选育品种（系）的亲缘关系。

4.20 选育单位

选育荸荠品种（系）的个人或单位的名称。

4.21 育成年份

荸荠品种（系）培育成功的年份。

4.22 选育方法

荸荠品种（系）的选育方法。

4.23 种质类型

荸荠种质的类型分为6类。

1 野生资源
2 地方品种
3 选育品种
4 品系
5 遗传材料
6 其他

4.24 图像

荸荠种质资源的图像文件名。图像格式为.jpg。

4.25 观测地点

荸荠种质形态特征和生物学特性的观测地点的名称。

5 形态特征和生物学特性

5.1 植株高度

球茎形成期，从泥面到最高叶状茎顶端的距离（图1）。单位为cm。

5.2 叶状茎粗度

球茎形成期，最高叶状茎最粗处的直径。单位为mm。

5.3 叶状茎表面

球茎形成期，叶状茎表面的状况。

1 平滑
2 具槽或纵肋

5.4 叶状茎颜色

球茎形成期，叶状茎表面的颜色。

1 白绿
2 绿

5.5 叶状茎横隔膜

球茎形成期，叶状茎横隔膜的有无。

0 无
1 有

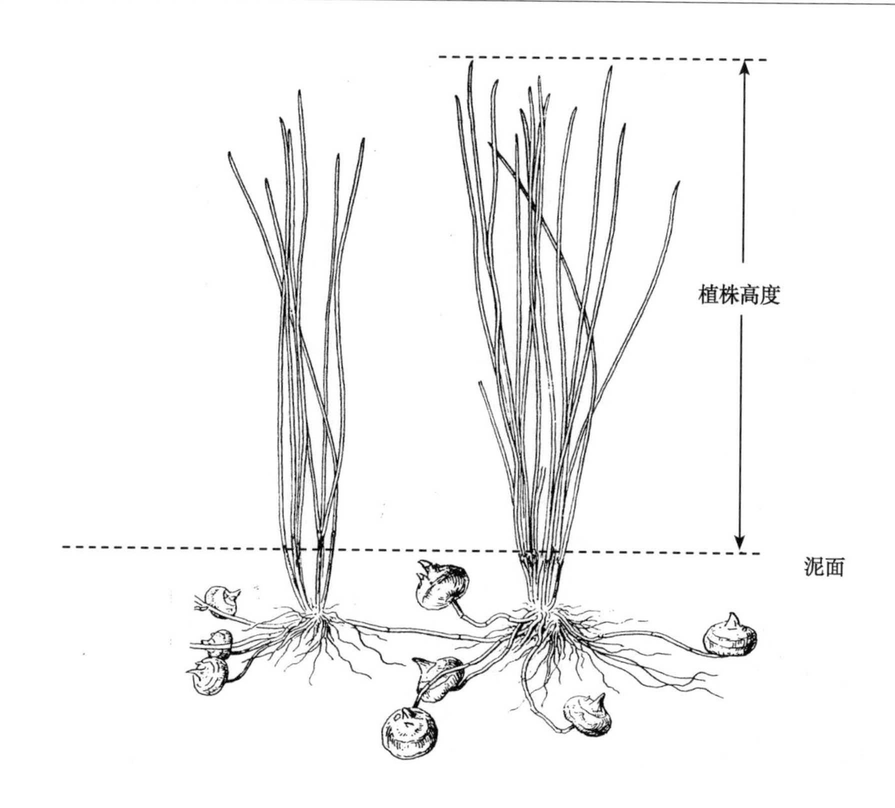

图1 植株高度

5.6 叶片退化状况

球茎形成期，叶片退化与否。

1 退化缺失

2 具鳞片状叶

5.7 叶鞘颜色

球茎形成期，叶鞘的颜色。

1 绿白色

2 上部绿白色，下部黑褐色

3 淡黑褐色

4 黑褐色

5.8 叶鞘长度

球茎形成期，叶鞘从泥面到鞘口顶端的距离（图2）。单位为cm。

5.9 叶鞘粗度

球茎形成期，叶鞘最粗处的直径（图2）。单位为mm。

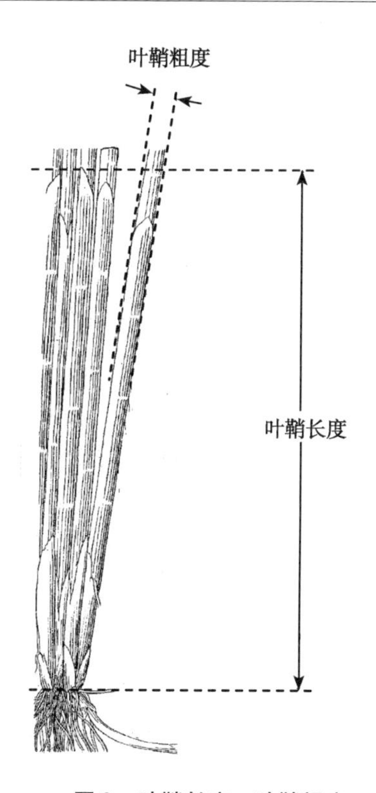

图 2 叶鞘长度、叶鞘粗度

5.10 叶鞘顶端形状

球茎形成期，叶鞘顶端的形状（图 3）。

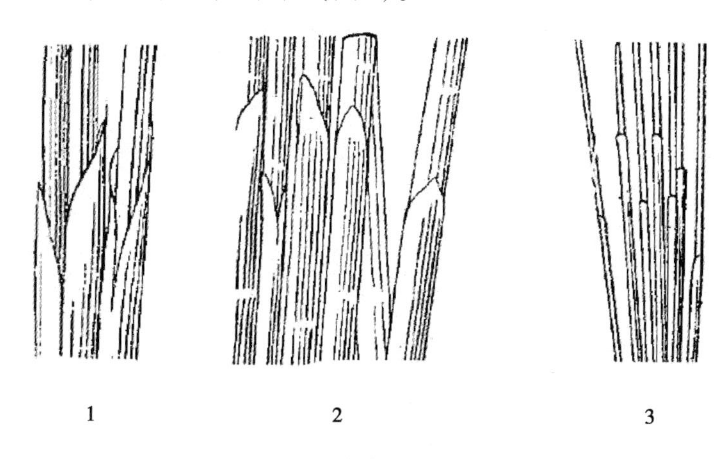

图 3 叶鞘顶端形状

1 渐尖

2　　锐尖

3　　钝尖

5.11　根状茎长度

球茎形成期，单个母株抽生最长根状茎从母株端至球茎或分株的距离（图4）。单位为cm。

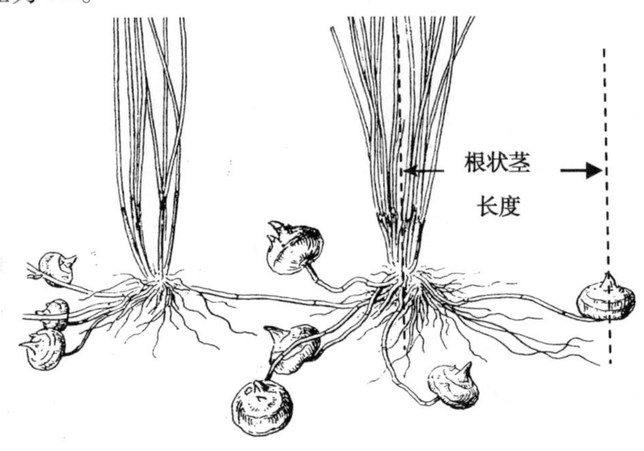

图4　根状茎长度

5.12　根状茎粗度

球茎形成期，单个母株抽生最长根状茎最粗处的直径。单位为mm。

5.13　球茎形状

休眠期，球茎的形状（图5）。

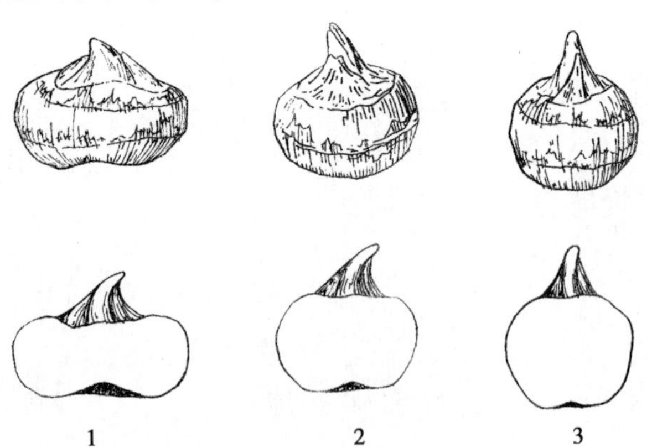

图5　球茎形状

1　　阔横椭球形

2　　横椭球形

3　近圆球形

5.14　球茎颜色

休眠期，球茎表皮的颜色。

1　浅红褐色

2　中等红褐色

3　深红褐色

4　紫红褐色

5.15　球茎高度

休眠期，去掉顶芽后球茎的最大高度（图 6）。单位为 cm。

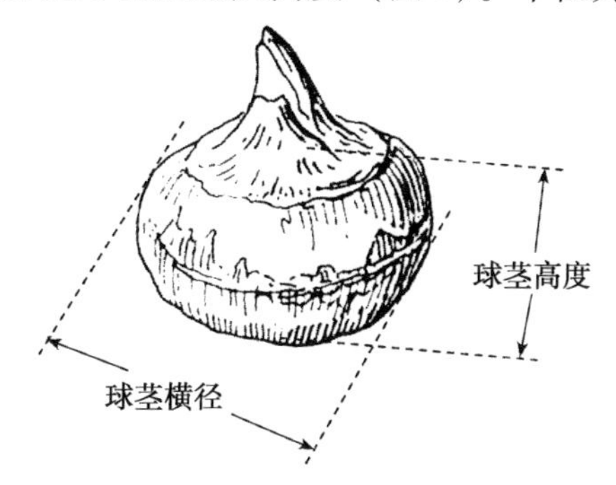

图 6　球茎高度、球茎横径

注：球茎横径最宽处者为球茎长横径，最窄处者为球茎短横径。

5.16　球茎长横径

休眠期，球茎横向最宽处的直径（图 6）。单位为 cm。

5.17　球茎短横径

休眠期，球茎横向最窄处的直径（图 6）。单位为 cm。

5.18　球茎侧芽大小

休眠期，球茎侧芽的大小。

1　小

2　中

3　大

5.19　球茎侧芽数

休眠期，球茎侧芽的个数。单位为个。

5.20　球茎脐部

休眠期，球茎脐部的凹陷程度（图 7）。

1　深凹

2　凹

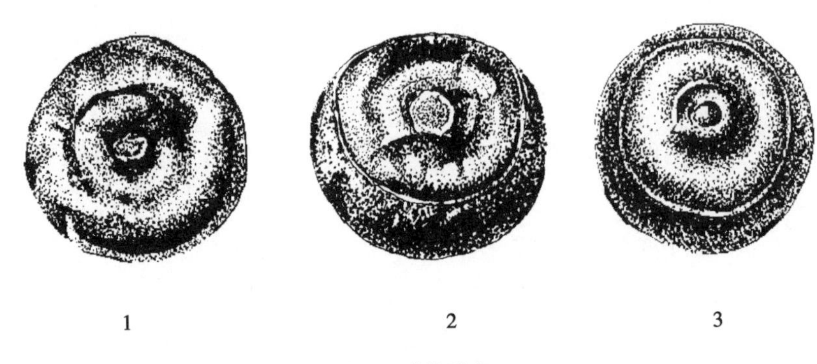

图 7　球茎脐部

3　平

5.21　单个球茎重

休眠期，单个球茎的质量。单位为 g。

5.22　小穗形状

开花结籽期，小穗的形状（图 8）。

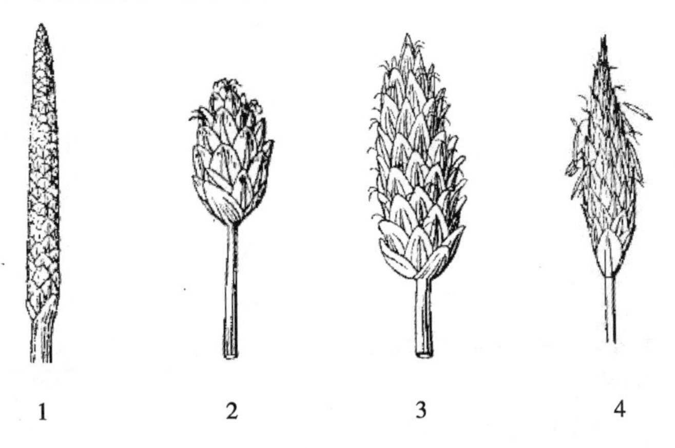

图 8　小穗形状

1　圆柱形

2　卵形

3　长卵形

4　披针形

5.23　小穗顶端形状

开花结籽期，小穗顶端的形状（图 9）。

1　锐尖

2　钝尖

1　　　　2

图 9　小穗顶端形状

5.24　小穗颜色

开花结籽期，小穗表面的颜色。

1　灰白色

2　淡绿色

3　淡褐色

4　紫红色

5.25　小穗长度

开花结籽期，小穗从基部到顶端的距离（图 10）。单位为 cm。

5.26　小穗粗度

开花结籽期，小穗最粗处的直径（图 10）。单位为 mm。

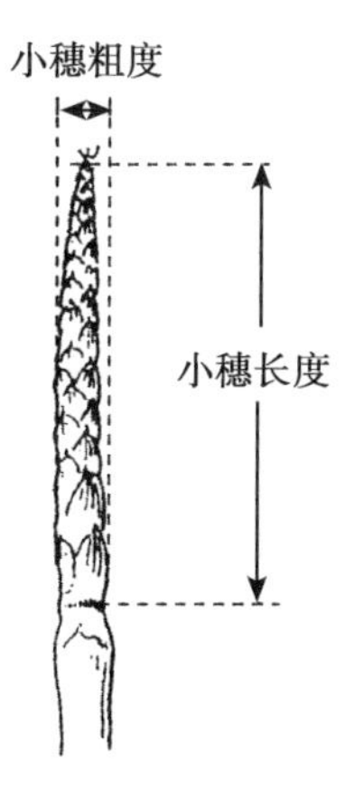

图 10　小穗长度、小穗粗度

5.27　小穗花数

开花结籽期，单个小穗上的花数。单位为朵/小穗。

5.28 鳞片形状

开花结籽期，小穗鳞片的形状（图 11）。

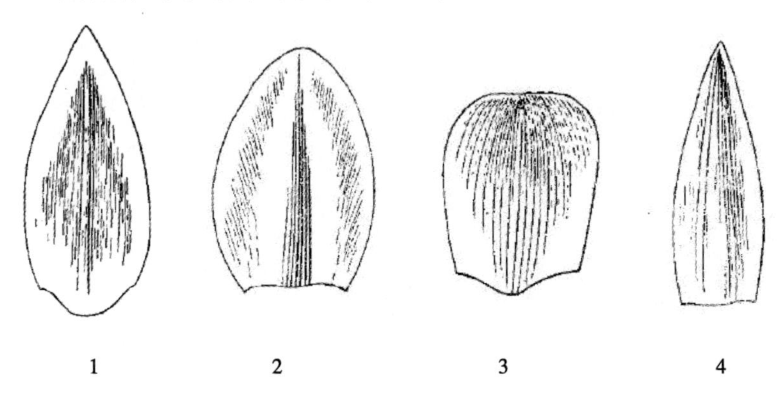

图 11 鳞片形状

1 长圆形
2 卵形
3 近方形
4 披针形

5.29 鳞片顶端形状

开花结籽期，小穗鳞片顶端的形状（图 12）。

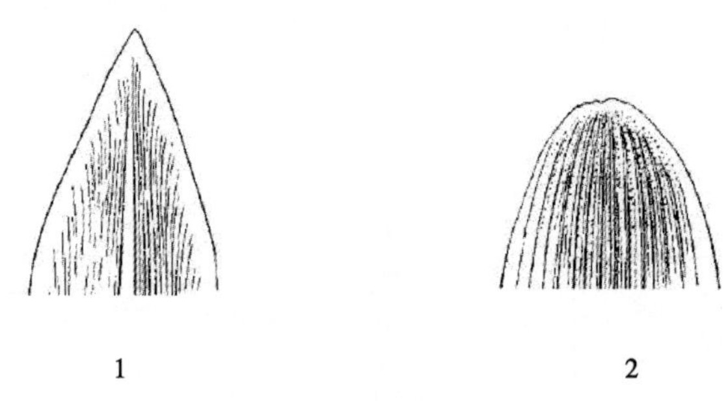

图 12 鳞片顶端形状

1 锐尖
2 圆钝

5.30 鳞片长度

开花结籽期，小穗鳞片从基部到顶端的距离（图 13）。单位为 mm。

5.31 鳞片宽度

开花结籽期，小穗鳞片最宽处的宽度（图 13）。单位为 mm。

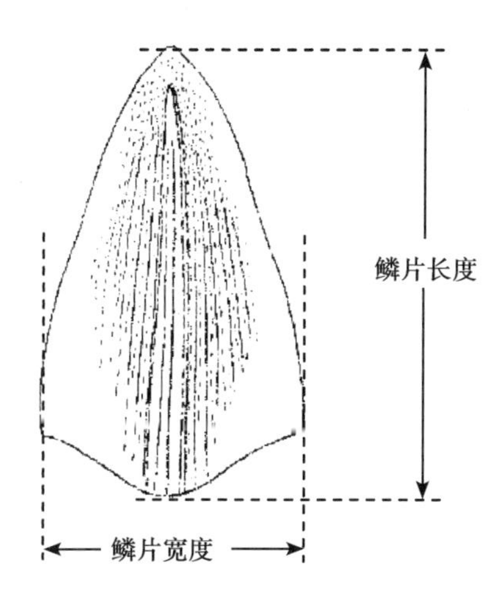

图 13 鳞片长度、鳞片宽度

5.32 鳞片排列

开花结籽期，小穗上鳞片排列的紧密程度。

1 紧密

2 疏松

5.33 果实形状

开花结籽期，充分老熟小坚果的形状（图 14）。

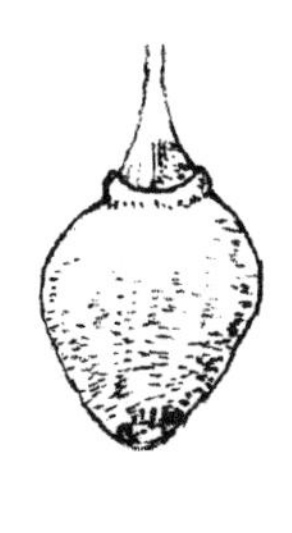
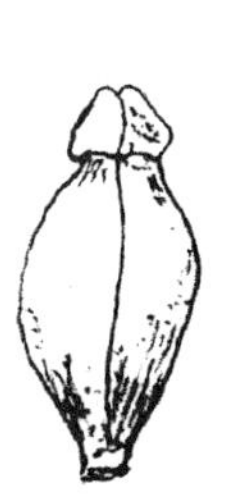
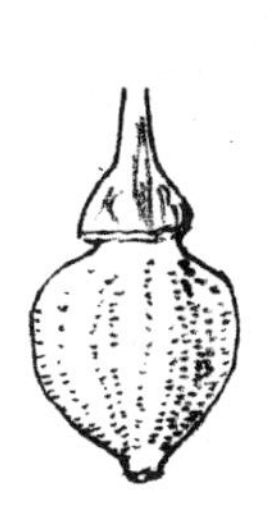

图 14 果实形状

1 双凸状倒卵形

2 三棱状倒卵形

3 双凸状广倒卵形

4 长圆状倒卵形

5.34 果实颜色

开花结籽期，充分老熟小坚果表皮的颜色。

1　　黄色
2　　淡褐色
3　　褐色
4　　棕色

5.35　果实表皮纹路

开花结籽期，充分老熟小坚果表皮细胞形成的纹路状况（图 15）。

图 15　果实表皮纹路

1　　不规则排列多边形
2　　整齐排列矩形

5.36　果实长度

开花结籽期，充分老熟小坚果从基部到花柱基部的距离（图 16）。单位为 mm。

5.37　果实宽度

开花结籽期，充分老熟小坚果最宽处的宽度（图 16）。单位为 mm。

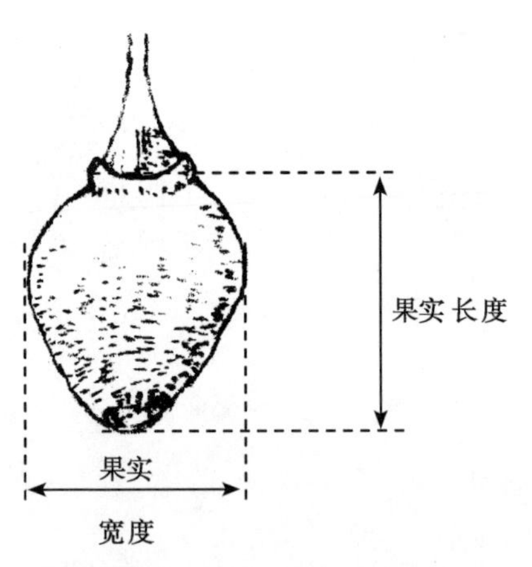

图 16　果实长度、果实宽度

5.38　千粒重

开花结籽期，1 000粒充分老熟自然干燥小坚果的质量。单位为 g。

5.39　柱头数

开花结籽期，单朵小花雌蕊的柱头数。

5.40　花柱基形状

开花结籽期，花柱基部的形状（图 17）。

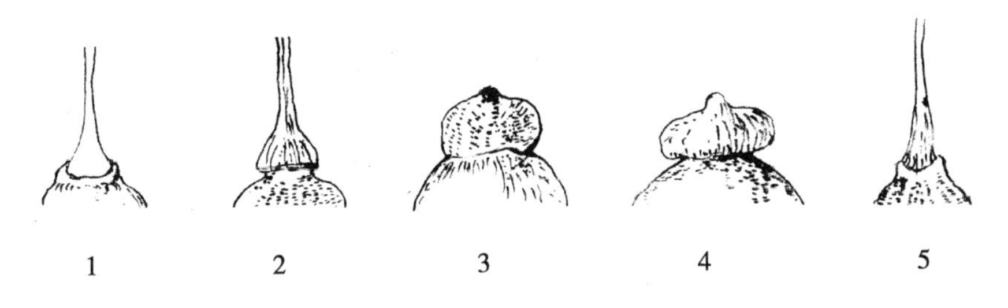

图 17　花柱基形状

1　　圆锥形
2　　棱锥形
3　　圆球形
4　　扁球形
5　　圆柱形

5.41　刚毛数

开花结籽期，单个果实上的刚毛数。单位为条。

5.42　刚毛长度

开花结籽期，果实上最长刚毛的长度。单位为 mm。

5.43　刚毛形状

开花结籽期，果实上刚毛的形状（图 18）。

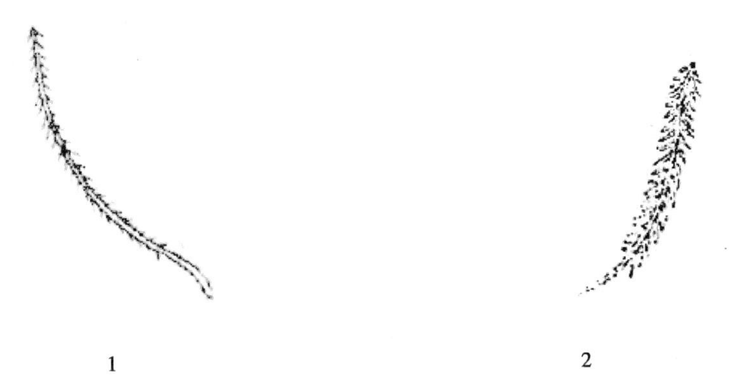

图 18　刚毛形状

1 线状

2 羽状

5.44 分株强度

分株末期，植株形成分株的强弱程度。

1 强

2 中

3 弱

5.45 播种期

种用球茎播种育苗的日期。表示方法为“年月日”，格式“YYYYMMDD”。

5.46 萌芽期

30%球茎开始萌芽的日期，以“年月日”表示，格式“YYYYMMDD”。

5.47 定植期

幼苗定植试验小区的日期，以“年月日”表示，格式“YYYYMMDD”。

5.48 分株期

30%母株开始抽生分株的日期，以“年月日”表示，格式“YYYYMMDD”。

5.49 始花期

30%植株开始抽生花序的日期，以“年月日”表示，格式“YYYYMMDD”。

5.50 休眠期

30%植株的叶状茎枯黄的日期，以“年月日”表示，格式“YYYYMMDD”。

5.51 熟性

球茎形成期，球茎形成的早晚程度。

1 早熟

2 中熟

3 晚熟

5.52 产量

单位面积上采收荸荠球茎的总质量。单位为 kg/hm^2。

6 品质特性

6.1 硬度

充分成熟球茎单位面积上能够承受的压力。单位为 kg/cm^2。

6.2 甜度

充分成熟球茎生食时的甜度强弱。

1 淡

2　　较甜

3　　甜

6.3　肉质

用牙咬切和咀嚼充分成熟球茎肉质时的感觉。

1　　脆

2　　较脆

6.4　化渣

充分成熟球茎经牙齿充分咀嚼后口腔中残留物的多少。

1　　低

2　　中

3　　高

6.5　干物质含量

达到充分成熟时，球茎肉质的干物质含量。以%表示。

6.6　淀粉含量

新鲜的充分成熟球茎的淀粉含量。以%表示。

6.7　可溶性固形物含量

新鲜的充分成熟球茎的可溶性固形物含量。以%表示。

6.8　耐贮性

无虫害或机械伤的成熟球茎在一定贮藏条件下和一定的期限内保持新鲜状态及原有品质不发生明显劣变的特性。

3　　强

5　　中

7　　弱

7　抗逆性

7.1　耐旱性

荸荠植株忍耐或抵抗干旱的能力。

3　　强

5　　中

7　　弱

7.2　耐涝性

荸荠植株忍耐或抵抗深水淹没的能力。

3　　强

5　　中

7　弱

7.3 抗倒伏性

荸荠植株抵抗倒伏的能力。

3　强

5　中

7　弱

8 抗病性

8.1 秆枯病抗性

荸荠植株对秆枯病（*Cylindrosporium eleocharidis* Lentz.）的抗性强弱。

1　高抗（HR）

3　抗病（R）

5　中抗（MR）

7　感病（S）

9　高感（HS）

8.2 枯萎病抗性

荸荠植株对枯萎病（*Fusarium oxysporum* f. sp. *eleocharidis* Schiecht, D. H. Jiang. H. K. Chen.）的抗性强弱。

1　高抗（HR）

3　抗病（R）

5　中抗（MR）

7　感病（S）

9　高感（HS）

9 其他特征特性

9.1 核型

表示染色体的数目、大小、形态和结构特征的公式。

9.2 指纹图谱与分子标记

荸荠种质指纹图谱和重要性状的分子标记类型及其特征参数。

9.3 备注

荸荠种质特殊描述符或特殊代码的具体说明。

四　荸荠种质资源数据标准

序号	代号	描述符	字段名	字段英文名	字段类型	字段长度	字段小数位	单位	代码	代码英文名	例子
1	101	全国统一编号	统一编号	Accession number	C	8					V11F0028
2	102	种质圃编号	圃编号	Garden number	C	8					GPSC1258
3	103	引种号	引种号	Introduction number	C	8					20060025
4	104	采集号	采集号	Collection number	C	10					2006420002
5	105	种质名称	种质名称	Accession name	C	30					团风荸荠
6	106	种质外文名	种质外文名	Alien name	C	50					Tuan Feng Bi Qi
7	107	科名	科名	Family	C	20					Cyperaceae（莎草科）
8	108	属名	属名	Genus	C	20					*Heleocharis* R. Br.（荸荠属）
9	109	学名	学名	Species	C	40					*Heleocharis dulcis* (Burm. f.) Trin. ex Hensch.
10	110	原产国	原产国	Country of origin	C	16					中国
11	111	原产省	原产省	Province of origin	C	6					湖北

（续表）

序号	代号	描述符	字段名	字段英文名	字段类型	字段长度	字段小数位	单位	代码	代码英文名	例子
12	112	原产地	原产地	Origin	C	16					团风
13	113	海拔	海拔	Altitude	N	4	0	m			25
14	114	经度	经度	Longitude	N	5					11448
15	115	纬度	纬度	Latitude	N	4					3036
16	116	来源地	来源地	Sample source	C	16					湖北团风
17	117	保存单位	保存单位	Donor institute	C	24					武汉市蔬菜科学研究所
18	118	保存单位编号	单位编号	Donor accession number	C	10					Ⅷ-0028
19	119	系谱	系谱	Pedigree	C	70					
20	120	选育单位	选育单位	Breeding institue	C	40					武汉市蔬菜科学研究所
21	121	育成年份	育成年份	Releasing year	N	4					1996
22	122	选育方法	选育方法	Breeding methods	C	20					系选

（续表）

序号	代号	描述符	字段名	字段英文名	字段类型	字段长度	字段小数位	单位	代码	代码英文名	例子
23	123	种质类型	种质类型	Biological status of accession	C	12			1：野生资源 2：地方品种 3：选育品种 4：品系 5：遗传材料 6：其他	1：Wild germplasm 2：Local variety 3：Breeding variety 4：Breeding line 5：Genetic stocks 6：Other	地方品种
24	124	图像	图像	Image file name	C	30					V11F0028-1. jpg
25	125	观测地点	观测地点	Observation location	C	20					武汉市蔬菜科学研究所
26	201	植株高度	株高	Plant height	N	3	0	cm			128
27	202	叶状茎粗度	叶状茎粗	Foliaceous stem thickness	N	2	0	mm			8
28	203	叶状茎表面	叶状茎表面	Foliaceous stem surface	C	10			1：平滑 2：具槽或纵肋	1：Smooth 2：With longitudinal trough or rib	平滑
29	204	叶状茎颜色	叶状茎颜色	Foliaceous stem color	C	4			1：白绿 2：绿	1：Green 2：Light green	绿
30	205	叶状茎横膈膜	横膈膜	Trasverse film	C	2			0：无 1：有	0：Absent 1：Present	无

（续表）

序号	代号	描述符	字段名	字段英文名	字段类型	字段长度	字段小数位	单位	代码	代码英文名	例子
31	206	叶片退化状况	叶片状况	Leaf status	C	10			1：退化缺失 2：具鳞片状叶	1：Absent 2：With squama-shape leaf	退化缺失
32	207	叶鞘颜色	叶鞘色	Leaf Sheath color	C	22			1：绿白色 2：上部绿白色，下部黑褐色 3：淡黑褐色 4：黑褐色	1：Greenish white 2：Greenish white on the top，dark brown on the bot-tom 3：Light dark – brown 4：Dark brown	绿白色
33	208	叶鞘长度	叶鞘长	Leaf Sheath length	N	2	0	cm			18
34	209	叶鞘粗度	叶鞘粗	Leaf Sheath thick-ness	N	2	0	mm			9
35	210	叶鞘顶端形状	鞘顶形状	Shape of Leaf Sheath	C	6			1：渐尖 2：锐尖 3：钝尖	1：Acuminate 2：Acute 3：Obtuse	锐尖
36	211	根状茎长度	根状茎长	Rhizome length	N	3	0	cm			15
37	212	根状茎粗度	根状茎粗	Rhizome thickness	N	2	0	mm			6
38	213	球茎形状	球茎形状	Corm shape	C	10			1：阔横椭球形 2：横椭球形 3：近圆球形	1：Flatened trans-versely ellipsoid 2：Tromsversely ellipsoid 3：Neewly ball-shaped	阔横椭球形

（续表）

序号	代号	描述符	字段名	字段英文名	字段类型	字段长度	字段小数位	单位	代码	代码英文名	例子
39	214	球茎颜色	球茎颜色	Corm color	C	8			1：浅红褐色 2：中等红褐色 3：深红褐色 4：紫红褐色	1：Light reddish-brown 2：medium reddish-brown 3：Dark reddish-brown 4：Purpl sh-brown	红色
40	215	球茎高度	球茎高	Corm hight	N	3	1	cm			2.5
41	216	球茎长横径	球茎长径	Corm diameter of long cross section	N	3	1	cm			4.5
42	217	球茎短横径	球茎短径	Corm diameter of short cross section	N	3	1	cm			4.3
43	218	球茎侧芽大小	球茎侧芽	Corm lateral bud size	C	2			1：小 2：中 3：大	1：Small 2：Medium 3：Big	中
44	219	球茎侧芽数	侧芽数	Corm lateral bud number	N	1	0	个			3
45	220	球茎脐部	球茎脐部	Corm hilum	C	4			1：深凹 2：凹 3：平	1：Deep concave 2：Concave 3：Flat	平
46	221	单个球茎重	单球茎重	Single corm weight	N	4	1	g			28.5

（续表）

序号	代号	描述符	字段名	字段英文名	字段类型	字段长度	字段小数位	单位	代码	代码英文名	例子
47	222	小穗形状	小穗形状	Spicule shape	C	6			1：圆柱形 2：卵形 3：长卵形 4：披针形	1：Column 2：Ovate 3：Long ovate 4：Lanceolate	圆柱形
48	223	小穗顶端形状	穗顶形状	Spicule tip shape	C	4			1：锐尖 2：钝尖	1：Acute 2：Obtuse	钝尖
49	224	小穗颜色	穗色	Spicule color	C	6			1：灰白色 2：淡绿色 3：淡褐色 4：紫红色	1：Paly 2：Light Green 3：Light brown 4：Amaranth	灰白色
50	225	小穗长度	穗长	Spicule length	N	4	1	cm			4. 5
51	226	小穗粗度	穗粗	Spicule thickness	N	2	0	mm			10
52	227	小穗花数	小穗花数	Flower number of a spicule	N	3	0	朵/小穗			
53	228	鳞片形状	鳞片形状	Squamae shape	C	6			1：长圆形 2：卵形 3：近方形 4：披针形	1：Long-rounded 2：Ovate 3：Near squareness 4：Lanceolate	卵形
54	229	鳞片顶端形状	鳞片顶端	Squamae tip shape	C	4			1：锐尖 2：圆钝	1：Acute 2：Obtuse	圆钝
55	230	鳞片长度	鳞片长度	Squamae length	N	2	0	mm			4

（续表）

序号	代号	描述符	字段名	字段英文名	字段类型	字段长度	字段小数位	单位	代码	代码英文名	例子
56	231	鳞片宽度	鳞片宽度	Squamae width	N	2	0	mm			2
57	232	鳞片排列	鳞片排列	Squamae array	C	4			1：紧密 2：疏松	1：Compact 2：Loose	紧密
58	233	果实形状	果形	Fruit shape	C	14			1：双凸状倒卵形 2：三棱状倒卵形 3：双凸状广倒卵形 4：长圆状倒卵形	1：Biconvex，obovate 2：Triangular prism-shaped，obovate 3：Biconvex，broad-obovate 4：Long-rounded，obovate	双凸状倒卵形
59	234	果实颜色	果实颜色	Fruit color	C	6			1：黄色 2：淡褐色 3：褐色 4：棕色	1：Yellow 2：Light brown 3：Brown 4：Cinnamon	淡褐色
60	235	果实表皮纹路	果皮纹路	Fruit epidermis lines	C	16			1：不规则排列多边形 2：整齐排列矩形	1：Polygons arranged anomalously 2：Rectangles arranged in order	整齐排列矩形

（续表）

序号	代号	描述符	字段名	字段英文名	字段类型	字段长度	字段小数位	单位	代码	代码英文名	例子
61	236	果实长度	果长	Fruit length	N	3	1		mm		2.4
62	237	果实宽度	果宽	Fruit width	N	3	1		mm		1.8
63	238	千粒重	千粒重	1000-fruit weight	N	4	2		g		
64	239	柱头数	柱头数	Stigma numbers	N	1	0				3
65	240	花柱基形状	花柱基形状	Stigma base shape	C	6			1：圆锥形 2：棱锥形 3：圆球形 4：扁球形 5：圆柱形	1：Taper 2：Pyramid 3：Round 4：Flat-round 5：Column	圆锥形
66	241	刚毛数	刚毛数	Seta numbers	N	2	0	条			7
67	242	刚毛长度	刚毛长度	Seta length	N	3	1	mm			3.0
68	243	刚毛形状	刚毛形状	Seta shape	C	4			1：线状 2：羽状	1：Line-shape 2：Feather-shape	线状
69	244	分株强度	分株强度	Tillering intensity	C	2			1：强 2：中 3：弱	1：Strong 2：Medium 3：Weak	强
70	245	播种期	播种期	Sowing date	D						20060420
71	246	萌芽期	萌芽期	Sprout date	D						20060430

（续表）

序号	代号	描述符	字段名	字段英文名	字段类型	字段长度	字段小数位	单位	代码	代码英文名	例子
72	247	定植期	定植期	Transplanting date	D						20060715
73	248	分株期	分株期	Tillering date	D						20060725
74	249	始花期	始花期	First flowering date	D						20060825
75	250	休眠期	休眠期	Dormancy date	D						20061225
76	251	熟性	熟性	Mature	C	4			1：早熟 2：中熟 3：晚熟	1：Early mature 2：Medium mature 3：Late mature	中熟
77	252	产量	产量	Yield	N	6	1	kg/hm^2			22500. 5
78	301	硬度	硬度	Rigility	N	4	1	kg/cm^2			
79	302	甜度	甜度	Sweetness	C	4			1：淡 2：较甜 3：甜	1：Mild 2：Moderately sweet 3：Sweet	较甜
80	303	肉质	肉质	Flesh	C	4			1：脆 2：较脆	1：Crisp 2：Moderately crisp	脆

（续表）

序号	代号	描述符	字段名	字段英文名	字段类型	字段长度	字段小数位	单位	代码	代码英文名	例子
81	304	化渣	化渣	Tenderness	C	2			1：低 2：中 3：高	1：Low 2：Intermediate 3：High	少
82	305	干物质含量	干物质含量	Dry matter content	N	4	1	%			60.0
83	306	淀粉含量	淀粉含量	Starch content	N	4	1	%			14.8
84	307	可溶性固形物含量	可溶性固形物	Soluble solid matter content	N	4	1	%			
85	308	耐贮性	耐贮性	Tolerance to storage	C	2			3：强 5：中 7：弱	3：Strong 5：Intermediate 7：Weak	中
86	401	耐旱性	耐旱性	Tolerance to drought	C	2			3：强 5：中 7：弱	3：Strong 5：Intermediate 7：Weak	中
87	402	耐涝性	耐涝性	Tolerance to water-logging	C	2			3：强 5：中 7：弱	3：Strong 5：Intermediate 7：Weak	中

（续表）

序号	代号	描述符	字段名	字段英文名	字段类型	字段长度	字段小数位	单位	代码	代码英文名	例子
88	403	抗倒伏性	抗倒性	Resistence to lodging	C	2			3：强 5：中 7：弱	3：Strong 5：Intermediate 7：Weak	强
89	501	秆枯病抗性	秆枯病抗性	Resistence to *Cylindrosporium eleocharidis* Lentz.	C	4			1：高抗 3：抗病 5：中抗 7：感病 9：高感	1：Highly resistant 3：Resistant 5：Moderately resistant 7：Susceptible 9：Highly susceptible	中抗
90	502	枯萎病抗性	枯萎病抗性	Resistence to *Fusarium oxysporum* f. sp. *eleocharidis* Schiecht, D. H. Jiang. H. K. Chen.	C	4			1：高抗 3：抗病 5：中抗 7：感病 9：高感	1：Highly resistant 3：Resistant 5：Moderately resistant 7：Susceptible 9：High susceptible	中抗
91	601	核型	核型	Karyotype	C	20					
92	602	指纹图谱与分子标记	指纹图谱与分子标记	Fingerprinting and molecular marker	C	40					
93	603	备注	备注	Remarks	C	30					

五　荸荠种质资源数据质量控制规范

1　范围

本规范规定了荸荠种质资源数据采集过程中质量控制内容和方法。

本规范适用于荸荠种质资源的整理、整合和共享。

2　规范性引用文件

下列文件对于本规范的应用是必不可少的。凡是注日期的引用文件，仅所注日期的版本适用于本规范。凡是不注日期的引用文件，其最新版本（包括所有的修改单）适用于本规范。

GB/T 2659　世界各国和地区名称代码

GB/T 2260　中华人民共和国行政区划代码

GB/T 5009.9—2003　食品中淀粉的测定

GB/T 8855—2008　新鲜水果和蔬菜的取样方法

GB/T 8858—1988　水果、蔬菜产品中干物质和水分含量的测定方法

GB/T 10220—2012　感官分析　方法学　总论

GB/T 12316—1990　感官分析方法"A" - "非A"检验

GB/T 12404　单位隶属关系代码

NY/T 1841—2010　苹果中可溶性固形物、可滴定酸无损伤快速测定　近红外光谱法

ISO 3166　Codes for the Representation of Names of Countries

3　数据质量控制的基本方法

3.1　形态特征和生物学特性观测试验设计

3.1.1　试验地点

试验地点的气候和生态条件应能满足荸荠植株的正常生长及其性状的正常表达。

3.1.2　田间设计

采用一年3次重复或1次重复2～3年试验，小区面积在6m²以上。长江中下游地区一般4月中旬开始育苗，7月中旬进行定植，定植株行距50cm×60cm。特殊材料株行距可依具体情况而定。

3.1.3　栽培环境条件控制

荸荠种质资源定植应选择规格大小一致的具有隔离和保水肥功能的水泥池，池内填土量应一致，填土深度应不少于40cm。土质应具有当地的代表性，前茬一致，肥力中等均匀。试验池应远离污染源，无有害生物侵扰，附近无高大树木、建筑物等。田间管理基本与当地大田生产一致，采用相同水肥管理，及时防治病虫害，保证植株能正常生长。

形态特征和生物学特性观测试验应设置对照品种，试验小区内的试验小池两端应该设置保护行（带）。

3.2　数据采集

形态特征和生物学特性观测试验原始数据的采集应在种质正常生长情况下获得。如遇自然灾害等因素严重影响植株正常生长，应重新进行观测试验和数据采集。

3.3　试验数据统计分析和校验

每份种质的形态特征和生物学特性的数量性状观测数据依据对照品种进行校验。根据一年3次重复或1次重复2～3年试验观测值，计算每份种质性状的平均值、变异系数和标准差，并进行方差分析，判断试验结果的稳定性和可靠性。取校验值的平均值作为该种质的性状值。对于每份种质的形态特征和生物学特性的质量性状观测值，以多数样本的值为代表。

4　基本信息

4.1　全国统一编号

全国统一编号是由“V11F”加4位顺序码组成，为8位字符串。“V11F”中“V11”为水生蔬菜大类代号，“F”代表荸荠种质，四位数的顺序码从

“0001”到“9999”，代表具体荸荠种质的编号。全国统一编号具有惟一性。

4.2　种质圃编号

种质圃编号是由“GP”加“SC”加4位顺序码组成，为8位字符串，其中，“GP”代表国家圃，“SC”代表作物类别，4位数的顺序码从“0001”到“9999”，代表具体荸荠种质的编号。只有已经进入国家种质资源圃的资源才有种质圃编号。每份种质具有惟一的种质圃编号。

4.3　引种号

荸荠种质从境外引进时赋予的编号，由年份加4位顺序号组成的8位字符串，如“19940024”，前4位表示种质从境外引进年份，后4位为顺序号，从“0001”到“9999”。每份引进种质具有惟一的引种号。

4.4　采集号

荸荠种质在野外采集时赋予的编号，一般由年份加2位省份代码加4位顺序号组成。

4.5　种质名称

国内种质的原始名称和国外引进种质的中文译名。如果有多个名称，可以放在英文括号内，用英文逗号分隔，如“种质名称1（种质名称2，种质名称3，……）”；国外引进种质如果没有中文译名时，可直接填写种质的外文名。

4.6　种质外文名

国外引进荸荠种质的外文名或国内种质的汉语拼音名。每个汉字的汉语拼音之间空一格，每个汉字汉语拼音首字母大写，如“Hang Zhou Da Hong Pao”。国外引进种质的外文名应注意大小写和空格。

4.7　科名

科名由拉丁名加英文括号内的中文名组成，如“Cyperaceae（莎草科）”。

4.8　属名

属名由拉丁名加英文括号内的中文名组成，如“*Heleocharis* R. Br.（荸荠属）”。

4.9　学名

学名由拉丁名加英文括号内的中文名组成。如 *Heleocharis dulcis*（Burm. f.）Trin. ex Hensch. 等。

4.10　原产国

荸荠种质原产国家名称、地区名称或国际组织名称。国家和地区名称参照ISO3166和GB/T 2659。如该国家已经不存在，应在原国家名称前加“原”，如“原苏联”。国家组织名称用该组织的外文缩写，如“IPGRI”。

4.11　原产省

国内荸荠种质原产省份名称，省份名称参照GB/T 2260；国外引进种质原产省用原产国家一级行政区的名称。

4.12　原产地

国内荸荠种质的原产县、乡、村名称。县名参照 GB/T 2260。

4.13　海拔

荸荠种质原产地的海拔高度。单位为 m。

4.14　经度

荸荠种质原产地的经度，单位为度和分。格式为 DDDFF，其中，DDD 为度，FF 为分。东经为正值，西经为负值，例如，“12125”代表东经 121°25′，“－10209”代表西经 102°9′。

4.15　纬度

荸荠种质原产地的纬度，单位为度和分。格式为 DDFF，其中，DD 为度，FF 为分。北纬为正值，南纬为负值，例如，“2308”代表北纬 23°8′，“－2549”代表南纬 25°49′。

4.16　来源地

国内荸荠种质直接来源省、县名称，国外引进种质的来源国家、地区名称或国际组织名称。国家、地区和国际组织名称同 4.10，省和县名参照 GB/T 2260。

4.17　保存单位

荸荠种质的保存单位名称的全称，如“武汉市蔬菜科学研究所”。

4.18　保存单位编号

荸荠种质原保存单位中的编号。保存单位编号在同一保存单位应具有惟一性。

4.19　系谱

荸荠选育品种（系）的亲缘关系。

4.20　选育单位

选育荸荠品种（系）的单位或个人的名称。单位名称应写全称，例如，“武汉市蔬菜科学研究所”。

4.21　育成年份

选育荸荠品种（系）培育成功的年份。格式为 YYYY，例如，“1998”、“2000”等。

4.22　选育方法

荸荠品种（系）的育种方法。例如，“系选”、“杂交”、“辐射”等。

4.23　种质类型

荸荠种质的类型，分为：

（1）野生资源（非人工栽培的荸荠种质，不包括荒芜田块或沟渠中生长的栽培荸荠资源）

（2）地方品种（在一定地域范围内生产上长期栽培的农家品种）

（3）选育品种（采用自然变异育种、杂交育种、诱变育种等方法选育，并通过省级品种审定委员会审（认）定的品种）

（4）品系（采用自然变异育种、杂交育种、诱变育种等方法选育，有一定数量个体，但未进行品种比较试验和区域试验）

（5）遗传材料（在采用自然变异育种、杂交育种、诱变育种等方法进行荸荠育种过程中，形成的某些农艺性状、品质性状和抗性等方面具有某种或某些优点的株系）

（6）其他（以上尚未列出的荸荠种质类型，如其他近缘种）。

4.24 图像

荸荠种质的图像文件名，图像格式为.jpg。图像文件名由统一编号加半连号“-”加序号加“.jpg”组成。如有多个图像文件，图像文件名用英文分号分隔，如“V11F0058-1.jpg；V11F0058-2.jpg”。图像对象主要包括植株、球茎、花序、果实、特异性状等。英文格式图像应清晰，对象应突出。

4.25 观测地点

荸荠种质形态特征和生物学特性的观测地点名称，记录到省和市（县）名，如“湖北团风”。

5 形态特征和生物学特性

5.1 植株高度

在球茎形成初期（9月中下旬），从小区内随机取样5～10个较高的叶状茎，根据植株高度示意图，用钢卷尺测量叶状茎从泥面到叶状茎顶端的距离。单位为cm，精确到1cm。

5.2 叶状茎粗度

以5.1中采集的叶状茎样本为观测对象，用卡尺测量叶状茎中间部位的最大直径。单位为mm，精确到1mm。

5.3 叶状茎表面

在球茎形成初期（9月中下旬），以小区内抽生的叶状茎为观测对象，采用目测的方法，观察叶状茎的表面特征。

根据观察结果和下列说明，确定种质的叶状茎表面。

1 平滑（叶状茎表面光滑）

2 具槽或纵肋（叶状茎表面具槽或纵肋）

5.4 叶状茎颜色

在球茎形成初期（9月中下旬），以小区内抽生的叶状茎为观测对象，采用目测的方法，观察叶状茎的表面颜色。

根据观察结果，确定种质的叶状茎颜色。

1　白绿

2　绿

上述没有列出的其他叶状茎颜色，需要另外详细描述和说明。

5.5　叶状茎横膈膜

在球茎形成初期（9月中下旬），以小区内抽生的叶状茎为观测对象，纵剖叶状茎，采用目测的方法，观察叶状茎内横隔膜的有无。

根据观察结果，确定种质的叶状茎横膈膜。

0　无

1　有

5.6　叶片退化状况

球茎形成期，以小区内抽生的叶状茎为观测对象，采用目测的方法，观察叶片退化与否。

根据观察结果和下列相关说明，确定种质的叶片退化状况。

1　退化缺失（叶片完全退化为膜质叶鞘，无叶片）

2　具鳞片状叶（具鳞片状的小叶片）

5.7　叶鞘颜色

在球茎形成初期（9月中下旬），以小区内叶状茎的叶鞘为观测对象，采用目测的方法，观察叶鞘表面的颜色。

根据观察结果，确定种质的叶鞘颜色。

1　绿白色

2　上部绿白色，下部黑褐色

3　淡黑褐色

4　黑褐色

上述没有列出的其他叶鞘颜色，需另外详细描述和说明。

5.8　叶鞘长度

在球茎形成初期（9月中下旬），从小区内随机取样5～10个叶鞘为观测对象，根据叶鞘长度示意图，用钢卷尺测量叶鞘基部到叶鞘顶端的距离。单位为cm，精确到1cm。

5.9　叶鞘粗度

以5.8中采集的叶鞘样本为观测对象，根据叶鞘粗度示意图，用卡尺测量叶鞘中部的最大直径。单位为mm，精确到1mm。

5.10　叶鞘顶端形状

在球茎形成初期（9月中下旬），以小区内叶状茎的叶鞘为观测对象，采用目测的方法，观察叶鞘顶端的形状。

参照叶鞘顶端形状示意图和下列相关说明，确定种质的叶鞘顶端形状。

1　渐尖（尖头延长而有内弯的边）

2　锐尖（尖头呈一锐角形而有直边）

3　钝尖（先端钝或狭圆形）

5.11　根状茎长度

在球茎形成初期（9月中下旬），随机挖取5～10株荸荠的完整植株，根据根状茎长度示意图，用钢卷尺测量每个母株抽生最长根状茎从母株端到分株或球茎端的长度。单位为cm，精确到1cm。

5.12　根状茎粗度

以5.11中的观测样本为观测对象，用卡尺测量其最粗处的直径。单位为mm，精确到1mm。

5.13　球茎形状

在叶状茎正常枯死以后均可进行数据采集，通常延迟至翌年3～4月收获时进行。挖取试验小区内的荸荠球茎，以整个试验小区为观察对象，采用目测的方法，观察球茎的形状。

参照球茎形状的示意图和下列相关说明，确定种质的球茎形状。

1　阔横椭球形（纵径较小，整体似扁球形）

2　横椭球形（纵径较大，整体似扁球形）

3　近圆球形（纵横径相当，整体似球形）

5.14　球茎颜色

以5.13中采集的球茎样本为观测对象，采用目测的方法，观察充分膨大充实球茎表面的颜色。

根据观察结果，确定种质的球茎颜色。

1　浅红褐色

2　中等红褐色

3　深红褐色

4　紫红褐色

上述没有列出的其他球茎颜色，需另外详细描述和说明。

5.15　球茎高度

在5.13挖取的球茎样本中，随机取样5～10个，根据球茎高度示意图，用卡尺测量顶芽基部到球茎脐部的距离。单位为cm，精确到0.1cm。

5.16　球茎长横径

以5.13中采集的球茎样本为观测对象，根据球茎长横径示意图，用卡尺测量球茎横向最宽处的直径。单位为cm，精确到0.1cm。

5.17　球茎短横径

以5.13中采集的球茎样本为观测对象，根据球茎短横径示意图，用卡尺测量球茎横向最窄处的直径。单位为cm，精确到0.1cm。

5.18　球茎侧芽大小

以5.13中采集的球茎样本为观测对象，测量每个球茎样本的侧芽长度（无侧芽者记为“0”），计算平均值。

根据观测结果和下列相关说明，确定种质的球茎侧芽大小。

1　　小（侧芽长度≤1cm）

2　　中（1cm＜侧芽长度≤2cm）

3　　大（侧芽长度＞2cm）

5.19　球茎侧芽数

以5.13中采集的球茎样本为观测对象，对球茎的侧芽进行计数，无侧芽者记为“0”。单位为个，精确到1个。

5.20　球茎脐部

以5.13中采集的球茎样本为观测对象，采用目测的方法，观察球茎脐部的凹凸程度。

参照球茎脐部示意图和下列相关说明，确定种质的球茎脐部。

1　　深凹（球茎脐部向内凹陷比较深，约0.5cm以上）

2　　凹（球茎脐部向内微凹，深度0.5cm以内）

3　　平（球茎脐部不凹陷）

5.21　单个球茎重

以5.13中采集的球茎样本为观测对象，用精度1/1 000的台秤称量出所抽球茎样的总质量，然后计算出单个球茎的质量。单位为g，精确到0.1g。

5.22　小穗形状

在开花结籽末期（11月上中旬），以试验小区内老熟的小穗为观测对象，采用目测的方法，观察小穗的形状。

参照小穗形状示意图和下列相关说明，确定种质的小穗形状。

1　　圆柱形（小穗上下等粗，整体圆柱形）

2　　卵形（小穗中部较粗，两端圆钝且粗度逐渐变小，纵横径比＜2，整体卵形）

3　　长卵形（小穗中部较粗，两端圆钝且粗度逐渐变小，纵横径比＞2，整体长卵形）

4　　披针形（小穗中部较粗，两端锐尖且粗度逐渐变小，纵横径比＞2，整体披针形）

5.23　小穗顶端形状

以5.22中采集的小穗样为观测对象，采用目测的方法，观察小穗顶端的形状。

参照小穗顶端形状示意图和下列相关说明，确定种质的小穗顶端形状。

1　锐尖（尖头呈一锐角形而有直边）

2　钝尖（顶端钝或狭圆形）

5.24　小穗颜色

以5.22中采集的小穗样本为观测对象，采用目测的方法，观察小穗表面的颜色。

根据观察结果，确定种质的小穗颜色。

1　灰白色

2　淡绿色

3　淡褐色

4　紫红色

上述没有列出的其他小穗颜色，需另外详细描述和说明。

5.25　小穗长度

在5.22采集的小穗样本中，随即取样5～10个为观测对象，按照小穗长度示意图，测量小穗从基部到顶端的距离。单位为cm，精确到1cm。

5.26　小穗粗度

以5.25采集的小穗样本为观测对象，按照小穗粗度示意图，用卡尺测量小穗最粗处的直径。单位为mm，精确到1mm。

5.27　小穗花数

以5.22采集的小穗样本为观测对象，对小穗上的小花数进行计数。单位为朵/小穗，精确到1朵/小穗。

在一般情况下，每片鳞片下一朵小花，因此，为了操作方便仅对小穗上的鳞片进行计数即可。

5.28　鳞片形状

以5.22中采集的小穗样本为观测对象，采用目测的方法，观察小穗中部鳞片的形状。

参照鳞片形状示意图和下列相关说明，确定种质的鳞片形状。

1　长圆形（2≤纵横径比<3，整体长圆形）

2　卵形（1≤纵横径比<2，整体卵形）

3　近方形（纵横径比≈1，整体近方形）

4　披针形（纵横径比≥3，整体披针形）

5.29　鳞片顶端形状

以5.22中采集的小穗样本为观测对象，采用目测的方法，观察小穗中部鳞片顶端的形状。

参照鳞片顶端形状示意图和下列相关说明，确定种质的鳞片顶端形状。

1　锐尖（尖头呈一锐角形而有直边）

2　圆钝（先端钝或狭圆形）

5.30　鳞片长度

在5.22中采集的每个小穗样本的中部，随机拨取1枚鳞片为观测对象，按照鳞片长度示意图，用卡尺测量小穗鳞片从基部到顶端的距离。单位为mm，精确到1mm。

5.31　鳞片宽度

以5.30中采集的鳞片样本为观测对象，按照鳞片宽度示意图，用卡尺测量小穗鳞片最宽处的宽度。单位为mm，精确到1mm。

5.32　鳞片排列

以5.22中采集的小穗样本为观测对象，采用目测的方法，观察小穗上鳞片排列的紧密程度。

根据观察结果和下列相关说明，确定种质的鳞片排列。

1　紧密（鳞片相互排列紧密）

2　疏松（鳞片相互排列疏松）

5.33　果实形状

在5.22中采集的小穗样本中部随机拨取充分老熟小坚果若干粒，以其为观测对象，采用目测的方法，观察小坚果的形状。

参照果实形状示意图和下列相关说明，确定种质的果实形状。

1　双凸状倒卵形（果实肩部向上略凸，整体倒卵形）

2　三棱状倒卵形（果实具纵棱，整体倒卵形）

3　双凸状广倒卵形（果实肩部向上略凸，整体广倒卵形）

4　长圆状倒卵形（果实纵横径比较大，整体倒卵形）

5.34　果实颜色

以5.33中采集的果实样本为观测对象，采用目测的方法，观察小坚果表皮的颜色。

根据观察结果，确定种质的果实颜色。

1　黄色

2　淡褐色

3　褐色

4　棕色

以上没有列出的其他果实颜色，需另外详细描述和说明。

5.35 果实表皮纹路

以5.33中采集的果实样本为观测对象，采用目测的方法，借助放大镜或解剖镜，观察小坚果表皮细胞形成的纹路状况。

参照果实表皮纹路示意图和下列相关说明，确定种质的果实表皮纹路。

1 不规则排列多边形（纹路形成多个多边形）

2 整齐排列矩形（纹路形成多个矩形）

5.36 果实长度

在5.33中采集的果实样本中，随机取样5～10个果实为观测对象，按照果实长度示意图，用卡尺测量小坚果基部到花柱基部的距离。单位为mm，精确到1mm。

5.37 果实宽度

以5.36中采集的果实样本为观测对象，按照果实宽度示意图，用卡尺测量小坚果最宽处的宽度。单位为mm，精确到1mm。

5.38 千粒重

在开花结籽末期（11月上中旬），随机选取充分老熟并已自然干燥的小穗若干，脱粒，去除杂质。然后，在脱粒出的小坚果中随机取样，3次重复，每次取1 000粒，用0.01g的电子分析天平称其质量。单位为g，精确到0.01g。

5.39 柱头数

在5.22中采集的小穗样本的中部，随机拨取小坚果若干粒为观测对象，观察小坚果顶端宿存雌蕊的柱头数。

在从小穗上拨取果实时应仔细，注意保证小坚果顶端雌蕊及刚毛等宿存器官的完整性。

5.40 花柱基形状

以5.39中采集的果实样本为观测对象，采用目测的方法，观察小坚果顶端宿存雌蕊柱头基部的形状。

参照柱头形状示意图和下列相关说明，确定种质的花柱基形状。

1 圆锥形（花柱基部圆锥形）

2 棱锥形（花柱基部棱锥形）

3 圆球形（花柱基部近圆球形）

4 扁球形（花柱基部扁球形）

5 圆柱形（花柱基部圆柱形）

5.41 刚毛数

以5.39中采集的果实为观测对象，对小坚果基部宿存刚毛进行计数。单位为条，精确到1条。

5.42　刚毛长度

以5.39中采集的果实为观测对象，用卡尺测量小坚果基部宿存的最长刚毛的长度。单位为mm，精确到1mm。

5.43　刚毛形状

以5.39中采集的果实为观测对象，采用目测的方法，观察小坚果基部宿存刚毛的形状。

参照刚毛形状示意图和下列说明，确定种质的刚毛形状。

1　线状（刚毛表面无茸毛）

2　羽状（刚毛表面具大量茸毛）

5.44　分株强度

在球茎形成初期（9月中下旬），随机选取试验小区中部$1m^2$面积，对选定区域内的荸荠分株进行计数。

根据观测值和下列相关说明，确定种质分株强度。

1　强（分株数≥80）

2　中（80 > 分株数≥40）

3　弱（分株数 < 40）

5.45　播种期

种用球茎播种育苗的日期。表示方法为“年月日”，格式“YYYYMMDD”。如“20060415”，表示2006年4月15日播种育苗。

5.46　萌芽期

以育苗播种区全部植株为调查对象，记录30%球茎抽生的叶状茎达5cm高时的日期。表示方法和格式同5.45。

5.47　定植期

幼苗在试验小区定植的日期。表示方法和格式同5.45。

5.48　分株期

以试验小区内定植全部母株为调查对象，记录30%母株开始抽生分株的日期。表示方法和格式同5.45。

5.49　始花期

以试验小区内全部植株为调查对象，记录30%植株开始抽生花序的日期。表示方法和格式同5.45。

5.50　休眠期

以试验小区内全部植株的叶状茎为调查对象，记录试验小区内30%叶状茎干枯的日期。表示方法和格式同5.45。

5.51　熟性

在物候期观测的基础上，统计每份种质从定植期到休眠期的天数。

按照下列标准，确定种质的商品熟性类别。

1　早熟（<100d）

2　中熟（100~120d）

3　晚熟（>120d）

5.52　产量

叶状茎正常枯死以后均可进行观测，通常于翌年3~4月进行。将试验小区内荸荠球茎全部挖起，人工冲洗干净，然后装筐，使用计量局校正过的磅秤称其净质量，然后根据试验小区面积和称量结果换算为每1hm^{2}的产量。单位为kg/hm^2，精确到0.1 kg/hm^2。

6　品质特性

6.1　硬度

在球茎采收期，参照GB/T 8855—2008新鲜水果和蔬菜的取样方法，从每个试验小区采收的球茎中随机取充分成熟、有代表性、无病虫害侵染的15~20个球茎，清洗干净后备用。

逐个在试样球茎相对两侧面，用不锈钢刀削去一层表皮，略大于硬度计测头面积，尽可能少损及球茎肉，持硬度计（须经计量部门检定）垂直地对准球茎的测试部位，施加压力，使测头压入球茎肉至规定标线为止。从硬度计表指示盘上直接读数，即球茎硬度。然后按照下列公式计算出平均值。单位为kg/cm^2，精确到0.1 kg/cm^2。

$$F = \frac{\sum L_i}{L_t}$$

式中：F——球茎硬度，单位为kg/cm^2；

L_i——试样球茎观测值，单位为kg/cm^2；

L_t——试样总球茎数。

6.2　甜度

在球茎采收期，参照GB/T 8855—2008新鲜水果和蔬菜的取样方法，从试验小区采收的球茎中随机取充分成熟、有代表性、无病虫害侵染的10~20个球茎，清洗干净，去其表皮，然后切成2cm×2cm×1cm的条块，混匀后待用。

按照GB/T 10220—2012感官分析方法学总论中的有关部分进行评尝员的选择、样品的准备以及感官评价的误差控制。

参照GB/T 12316—1990感官分析方法“A”－“非A”检验方法，请10~15名评尝员对每一份样品通过口尝的方法进行尝评，通过与下列各级甜度相同的对照品种进行比较，按照3级甜度的描述，给出“与对照同”或“与对照不同”的回答。按照评尝员对每份种质和对照的甜度的评判结果，汇总对每份种质和对照品种的各种回答数，并对种质和对照甜度的差异显著性进行 X^2 测验，如果某样品与对照1无差异，即可判断该种质的甜度类型；如果某样品与对照1差异显著，则需与对照2进行比较，依此类推。

甜度分为3级。

1　淡（无明显甜味）

2　较甜（略带甜味）

3　甜（味甘甜）

6.3　肉质

参照6.2中的方法进行取样和样品的制备。

按照GB/T 10220—2012感官分析方法学总论中有关部分进行评尝员的选择、样品的准备以及感官评价的误差控制。

参照GB/T 12316—1990感官分析方法“A”－“非A”检验方法，请10～15名评尝员对每一份种质的样品进行尝评，通过与事先确定的下列2类肉质的对照品种进行比较，按照下面2类肉质的描述，给出“与对照同”或“与对照不同”的回答。按照评尝员对每份种质和对照肉质的评判结果，汇总对每份种质和对照的各种回答数，并对种质样品和对照的差异显著性进行 X^2 测验，如果某样品与对照1无差异，即可判断该种质的肉质类型；如果某样品与对照1差异显著，则需与对照2进行比较，依此类推。

肉质分为2级。

1　脆（组织致密，咬切容易，阻力较小，清脆爽口）

2　较脆（组织较密，牙咬切时阻力较大，清脆爽口度中等）

6.4　化渣

参照6.2中的方法进行取样和样品的制备。

按照GB/T 10220—2012感官分析方法学总论中的有关部分进行评尝员的选择、样品的准备以及感官评价的误差控制。

参照GB/T 12316—1990感官分析方法“A”－“非A”检验方法，请10～15名评尝员对每一份样品通过口尝的方法进行尝评，通过与事先确定的下列各级化渣的对照品种进行比较，按照3级化渣的描述，给出“与对照同”或“与对照不同”的回答。按照评尝员对每份种质和对照的化渣的评判结果，汇总对每份种质和对照品种的各种回答数，并对种质和对照化渣的差异显著性进行 X^2 测验，如果某样品与对照1无差异，即可判断该种质的化渣类型；如果某样品与对照1差异显著，则需与对照2进行比较，依此类推。

球茎化渣分为3级。

1　低（球茎肉质充分咀嚼、吮吸干汁液后，口腔内有少量的残留肉质组织）

2　中（球茎肉质充分咀嚼、吮吸干汁液后，口腔内的残留肉质组织数量中等）

3　高（球茎肉质充分咀嚼、吮吸干汁液后，口腔内有较多的残留肉质组织）

6.5　干物质含量

在球茎采收期，参照 GB/T 8855—2008 新鲜水果和蔬菜的取样方法，从试验小区采收的球茎中随机取充分成熟、有代表性、无病虫害侵染的 10～20 个球茎，清洗干净，去其表皮、切碎，待测。然后，按 GB/T 8858—1988 水果、蔬菜产品中干物质和水分含量的测定方法及时测量样品中的干物质含量。以%表示，精确到 0.1%。

6.6　淀粉含量

参照 6.5 中的方法取样。按 GB/T 5009.9—2008 食品中淀粉的测定中规定的方法进行测定。以%表示，精确到 0.1%。

6.7　可溶性固形物含量

参照 6.5 中的方法取样。参考“NY/T 1841—2010 苹果中可溶性固形物，可滴定酸无损伤快速测定　近红外光谱法”中规定的方法进行测定，以%表示，精确到 0.1%。

6.8　耐贮藏性（参考方法）

荸荠球茎虽然含水量较高，生理活动旺盛，但表皮革质，较耐贮藏，在下列适宜贮藏条件下可贮藏 3～4 个月。荸荠球茎贮藏适温 10℃，温度过高（>13.6℃），球茎易萌动发芽；温度过低（<0℃），球茎易发生冻害。相对湿度 95%～98%。

荸荠的耐贮藏性可以通过以下贮藏试验来评价。

贮藏条件：温度 10℃左右，相对湿度 95%～98%。

贮藏方法：采用聚乙烯塑料薄膜袋贮藏，各种质均选取有代表性、无病、无虫、无伤的球茎 45 个，冲洗干净，晾干表面水分。试验重复三次，每次重复 15 个，装入 50cm×40cm 塑料袋内，塑料薄膜袋厚 0.03mm。塑料袋密封后置上述贮藏条件的冷库中贮藏，贮藏 100d。贮藏期间应定期打开袋口通风。设耐贮藏性强、中、弱 3 个品种作为对照。

数据的采集：贮藏 100d 后，观察球茎腐烂情况，并进行分级：

级别	腐烂情况
0	球茎新鲜，无腐烂迹象
1	球茎稍有失水感

3　　球茎腐烂面积在 0.25cm^2 以下，腐烂的味道不明显

5　　球茎平均腐烂面积在 0.25～1.00cm^2，略有腐烂味道

7　　球茎平均腐烂面积在 4cm^2 以上，腐烂味道明显

9　　球茎腐烂霉变严重

按照下列公式计算腐烂指数：

$$PI = \frac{\sum (n_i x_i)}{9N} \times 100$$

式中：PI——恢复指数；

x_i——各级腐烂级值；

n_i——各级球茎数；

N——供试球茎数。

按照下列标准评价每份种质球茎的耐贮藏性：

3　　强（腐烂指数 <30）

5　　中（30≤腐烂指数 <60）

7　　弱（腐烂指数≥60）

注意事项：

保证贮藏条件的一致性和稳定性，如：贮藏场所各部位的温度和湿度应尽可能一致。包装所用塑料袋的规格、厚度应一致。

设置耐贮性不同的代表性对照品种。如果不同批次间，对照品种的表现差异显著，需考虑重新进行试验。如果三个对照品种的实验结果分别表现为相应的强、中、弱，则本次鉴定试验合格。

7　抗逆性

7.1　耐旱性（参考方法）

荸荠属水生蔬菜作物，其整个生长期均需要有充足的水分，尤其是旺盛生长期，时逢高温，光照强，作物蒸腾强烈，需要较深的水位。荸荠耐旱性鉴定主要于幼苗期（3～4 根叶状茎）时进行。

用消毒的草炭和蛭石 3∶1 混合作为基质，用种质球茎为栽植材料，在直径 20cm、高 15cm 的容器内栽植 1 个球茎，每份种质资源设 3 次重复，每次重复需 20 株。设耐旱性强、中、弱三品种为对照。3～4 根叶状茎前正常管理，保持 1～2cm 水位。4 根叶状茎后停止供水，当耐旱性强的对照品种开始萎蔫时，恢复正常管理。10 天后调查所有供试资源的恢复情况，恢复级别根据植株的恢复和死亡状况分为 5 级。

级别　　　恢复情况

0 级　叶片生长基本正常。

1 级　叶片不超过 1/5 面积枯黄。

2 级　叶片 1/5 以上～1/3 面积枯黄。

3 级　叶片 1/3 以上～1/2 面积枯黄。

4 级　叶片 1/2 以上面积枯黄。

根据恢复级别计算恢复指数，计算公式为：

$$RI = \frac{\sum (x_i n_i)}{4N} \times 100$$

式中：RI——恢复指数；

x_i——各级旱害级值；

n_i——各级旱害叶状茎根数；

N——调查总叶状茎根数。

耐旱性鉴定结果的统计分析和校验参照 3. 3。

耐旱性根据苗期恢复指数分为 3 级。

3　强（恢复指数≤30）

5　中（30 < 恢复指数≤60）

7　弱（恢复指数 > 60）

注意事项：

保证试验环境的一致性和稳定性。采用相同栽植基质配方和大小相同的容器。加强肥水管理，使幼苗生长健壮、整齐一致。

设置合适的对照品种。如果不同批次间，对照品种的表现差异显著，需考虑重新进行试验。如果 3 个对照品种的试验结果分别表现为相应的强、中、弱，则本次鉴定试验合格。

7. 2　耐涝性（参考方法）

荸荠作为水生作物，其正常生长需一定的水位。但是，如果水位过高，高于叶状茎的高度，将植株全部淹没，将影响荸荠植株呼吸，会出现叶片枯黄现象，影响到生长。荸荠耐涝性鉴定主要在幼苗期（4 根叶状茎）时进行。

用消毒的草炭和蛭石 3∶1 混合作为基质，用种质球茎为栽植材料，在直径 20cm、高 15cm 的容器内栽植 1 个球茎，每份种质资源设 3 次重复，每次重复需 20 株。设耐涝性强、中、弱三品种为对照。4 根叶状茎前正常管理，保持 1～2cm 水位。4 根叶状茎之后连同栽植容器置于深水池中，使荸荠整个植株淹没水中，持续 1d，然后进行正常田间管理。7d 后调查所有供试种质的恢复情况，恢复级别根据植株的恢复和死亡状况分为 5 级。

级别　　　　恢复情况

0 级　　叶片生长基本正常。

1 级　　叶片不超过 1/5 面积枯黄。

2 级　　叶片 1/5 以上 ~ 1/3 面积枯黄。

3 级　　叶片 1/3 以上 ~ 1/2 面积枯黄。

4 级　　叶片 1/2 以上面积枯黄。

根据恢复级别计算恢复指数，计算公式为：

$$RI = \frac{\sum(x_i n_i)}{4N} \times 100$$

式中：RI——恢复指数；

x_i——各级涝害级值；

n_i——各级涝害叶状茎根数；

N——调查总叶状茎根数。

耐涝性鉴定结果的统计分析和校验参照 3. 3。

耐涝性根据苗期恢复指数分为 3 级。

3：强（恢复指数≤30）

5：中（30 < 恢复指数≤65）

7：弱（恢复指数 > 65）

注意事项同 7. 1。

7. 3　抗倒伏性（参考方法）

荸荠在球茎形成初期，如遇大风大雨常发生倒伏现象，严重影响荸荠球茎的膨大充实，造成产量大幅减产，因此，荸荠种质抗倒伏性是种质评价和品种选育一个重要指标。荸荠种质抗倒伏性主要在球茎形成初期（9 月中下旬）进行。

荸荠抗倒伏性试验采用一年 3 次重复或 1 次重复 2 ~ 3 年试验。试验小区面积 6m^2。试验小区宜采用水泥池内填沙壤土，填充深度、土壤肥力等应一致。长江中下游地区一般 4 月中旬开始育苗，7 月中旬进行定植，定植株行距 50cm × 60cm，每穴定植 1 个基本苗。

在荸荠球茎形成初期（9 月中下旬），分别调查：

（1）根量：随机取 30 丛叶状茎的地下根，冲洗干净后烘干至恒重，计算出每丛叶状茎的根量（g/叶状茎）。

（2）叶状茎中部力矩：随机取 30 根叶状茎，用秆强测定器逐根在叶状茎中部延与地面呈 45°角度拉伸，直至折断时读取数值，读数乘以该叶状茎高度的二分之一再除以 40 即为叶状茎中部力矩，最后求取 30 根叶状茎的平均值。

（3）单根叶状茎鲜重：随机取 30 根叶状茎（带膜质叶鞘、小穗等），用天平称其鲜重，最后求取平均值。

（4）株高：随机取30根叶状茎，逐根测量叶状茎基部至小穗顶端的距离，最后求取平均值。

根据以上测量结果，按照以下公式计算出种质倒伏系数。

$$LR = \frac{H \times G}{W \times M}$$

式中：LR——种质倒伏系数；

H——株高；

G——单根叶状茎鲜重；

W——根量；

M——叶状茎中部力矩。

种质抗倒伏性根据种质倒伏系数分为3级。

3：强（$LR \leqslant 3$）

5：中（$3 < LR \leqslant 5$）

7：弱（$LR > 5$）

8 抗病性

8.1 秆枯病（*Cylindrosporium eleocharidis* Lentz.）抗性（参考方法）

荸荠秆枯病抗性鉴定采用秆枯病自然流行时大田调查鉴定。

在8~9月，荸荠秆枯病开始大田流行，病症主要表现于叶状茎和叶鞘上，表现为：叶鞘上初生暗绿色水浸状不规则形病斑，后可扩大至整个叶鞘；叶状茎初为暗绿色水浸状，一般为梭形，也有椭圆形或不规则形，病部组织发软，凹陷，表面生有黑色扭条点，有时呈同心轮纹状，病斑可相互愈合成较大的枯死斑，严重时全秆倒伏、枯死，湿度大时病斑表面有大量浅灰色霉层。此时应及时对小区内叶状茎和叶鞘发病情况进行调查，记录发病叶状茎数及病级，病级的分级标准如下：

病级	病情
0	无病症
1	零星坏死斑
2	坏死斑面积不超过叶面积的1/4
3	坏死斑面积占叶面积的1/4以上~1/3
4	坏死斑面积占叶面积的1/3以上~2/3
5	坏死斑面积占叶面积的2/3以上

计算病情指数，公式为：

$$DI = \frac{\sum (s_i n_i)}{5N} \times 100$$

式中：DI——病情指数；

s_i——发病级别；

n_i——相应发病级别的叶状茎数；

i——病情分级的各个级别；

N——调查总叶状茎数。

抗性鉴定结果的统计分析和校验参照3.3。

种质群体对秆枯病的抗性依病情指数分5级。

1　高抗（HR）（$0 < DI \leqslant 10$）

3　抗病（R）（$10 < DI \leqslant 25$）

5　中抗（MR）（$25 < DI \leqslant 40$）

7　感病（S）（$40 < DI \leqslant 65$）

9　高感（HS）（$65 < DI$）

注意事项：

必要时，计算相对病情指数，用以比较不同年份、不同批次试验材料的抗病性。

8.2　枯萎病（*Fusarium oxysporum* f. sp. *eleocharidis* Schiecht，D. H. Jiang. H. K. Chen.）抗性（参考方法）

荸荠枯萎病抗性鉴定采用枯萎病自然流行时大田调查鉴定。

在9月中下旬至10月，荸荠枯萎病开始大田流行，病症主要表现于叶状茎上，有青枯型和枯斑型两种表现型：①青枯型表现为从叶状茎顶端或一侧失水呈青枯状，并向下扩展，最后整秆枯死。②枯斑型表现为叶状茎中上部呈现灰白色枯斑，病斑分界十分明显，略凹陷，病斑间可相互连合成大斑。此时应及时对小区内叶状茎发病情况进行调查，记录发病叶状茎数及病级，病级的分级标准如下：

病级	病情
0	无病症
1	零星坏死斑
2	坏死斑面积不超过叶面积的1/4
3	坏死斑面积占叶面积的1/4以上～1/3
4	坏死斑面积占叶面积的1/3以上～2/3
5	坏死斑面积占叶面积的2/3以上

计算病情指数，公式为：

$$DI = \frac{\sum (s_i n_i)}{5N} \times 100$$

式中：DI——病情指数；

s_i——发病级别；

n_i——相应发病级别的叶状茎数；

N——调查总叶状茎数。

抗性鉴定结果的统计分析和校验参照3.3。

种质群体对枯萎病的抗性依病情指数分5级。

1　高抗（HR）（$0 < DI \leqslant 10$）

3　抗病（R）（$10 < DI \leqslant 25$）

5　中抗（MR）（$25 < DI \leqslant 40$）

7　感病（S）（$40 < DI \leqslant 65$）

9　高感（HS）（$65 < DI$）

注意事项：

必要时，计算相对病情指数，用以比较不同年份、不同批次试验材料的抗病性。

9　其他

9.1　核型

采用细胞遗传学方法对染色体的数目、大小、形态和结构进行鉴定。以核型公式表示。

9.2　指纹图谱与分子标记

对进行过指纹图谱分析或重要性状分子标记的荸荠种质，记录指纹图谱或分子标记的方法，并注明所用引物、特征带的分子大小或序列以及所标记的性状和连锁距离。

9.3　备注

荸荠种质特殊描述符或特殊代码的具体说明。

六　荸荠种质资源数据采集表

1　基本信息			
全国统一编号（1）		种质库编号（2）	
引种号（3）		采集号（4）	
种质名称（5）		种质外文名（6）	
科名（7）		属名（8）	
学名（9）		原产国（10）	
原产省（11）		原产地（12）	
海拔（13）	m	经度（14）	
纬度（15）		来源地（16）	
保存单位（17）		保存单位编号（18）	
系谱（19）		选育单位（20）	
育成年份（21）		选育方法（22）	
种质类型（23）	1：野生资源　2：地方品种　3：选育品种　4：品系　5：遗传材料　6：其他		
图像（24）		观测地点（25）	
2　形态特征和生物学特性			
植株高度（26）	cm	叶状茎粗度（27）	mm
叶状茎表面（28）	1：平滑　2：具槽或纵肋	叶状茎颜色（29）	1：绿　2：淡绿
叶状茎横膈膜（30）	0：无　1：有		
叶片状况（31）	1：退化缺失　2：具鳞片状叶		
叶鞘颜色（32）	1：绿白色　2：上部绿白色，下部黑褐色　3：淡黑褐色　4：黑褐色		
叶鞘长度（33）	cm	叶鞘粗度（34）	mm
叶鞘顶端形状（35）	1：渐尖　2：锐尖　3：钝尖		
根状茎长度（36）	cm	根状茎粗度（37）	mm

（续表）

球茎形状（38）	1：阔横椭球形　2：横椭球形　3：近圆球形		
球茎颜色（39）	1：浅红褐色　2：中等红褐色　3：深红褐色　4：紫红褐色		
球茎高度（40）	cm	球茎长横径（41）	cm
球茎短横径（42）	cm	球茎侧芽大小（43）	1：小　2：中　3：大
球茎侧芽数（44）		球茎脐部（45）	1：深凹　2：凹　3：平
单个球茎重（46）	g		
下裂片叶尖（47）	1：圆柱形　2：卵形　3：长卵形　4：披针形		
小穗顶端形状（48）	1：锐尖　2：钝尖		
小穗颜色（49）	1：灰白色　2：淡绿色　3：淡褐色　4：紫红色		
小穗长度（50）	cm	小穗粗度（51）	mm
小穗花数（52）	朵/小穗		
鳞片形状（53）	1：长圆形　2：卵形　3：近方形　4：披针形		
鳞片顶端形状（54）	1：锐尖　2：圆钝	鳞片长度（55）	
鳞片宽度（56）	mm	鳞片排列（57）	1：紧密　2：疏松
果实形状（58）	1：双凸状倒卵形　2：三棱状倒卵形　3：双凸状广倒卵形　4：长圆状倒卵形		
果实颜色（59）	1：黄色　2：淡褐色　3：褐色　4：棕色		
果实表皮纹路（60）	1：不规则排列多边形　2：整齐排列矩形		
果实长度（61）	mm	果实宽度（62）	mm
千粒重（63）	g	柱头数（64）	
花柱基形状（65）	1：圆锥形　2：棱锥形　3：圆球形　4：扁球形　5：圆柱形		
刚毛数（66）	条	刚毛长度（67）	mm
刚毛形状（68）	1：线状　2：羽状	分株强度（69）	1：强　2：中　3：弱
播种期（70）		萌芽期（71）	
定植期（72）		分株期（73）	
始花期（74）		休眠期（75）	

（续表）

熟性（76）	1：早熟 2：中熟 3：晚熟		
产量（77）	kg/hm^2		
3 品质特性			
硬度（78）	kg/cm^2	甜度（79）	1：淡 2：较甜 3：甜
肉质（80）	1：脆 2：较脆	化渣（81）	1：少 2：中 3：多
干物质含量（82）	%	淀粉含量（83）	%
可溶性固形物含量（84）	%	耐贮性（85）	3：强 5：中 7：弱
4 抗逆性			
耐旱性（86）	3：强 5：中 7：弱	耐涝性（87）	3：强 5：中 7：弱
抗倒伏性（88）	3：强 5：中 7：弱		
5 抗病性			
秆枯病抗性（89）	1：高抗 3：抗病 5：中抗 7：感病 9：高感		
枯萎病抗性（90）	1：高抗 3：抗病 5：中抗 7：感病 9：高感		
6 其他特征特性			
核型（91）			
指纹图谱与分子标记（92）			
备注（93）			

填表人： 审核： 日期：

七　荸荠种质资源利用情况报告格式

1　种质利用概况

每年提供利用的种质类型、份数、份次、用户数等。

2　种质利用效果及效益

提供利用后育成的品种（系）、创新材料，以及其他研究利用、开发创收等产生的经济、社会和生态效益。

3　种质利用存在的问题和经验

组织管理、资源管理、资源研究和利用等。

八　荸荠种质资源利用情况登记表

<table>
<tr><td>种质名称</td><td colspan="5"></td></tr>
<tr><td></td><td></td><td></td><td></td><td></td><td></td></tr>
<tr><td>提供单位</td><td></td><td>提供日期</td><td></td><td>提供数量</td><td></td></tr>
<tr><td>提供种质类　　型</td><td colspan="5">地方品种□　育成品种□　高代品系□　国外引进品种□　野生种□
近缘植物□　遗传材料□　突变体□　其他□</td></tr>
<tr><td>提供种质形　态</td><td colspan="5">植株（苗）□ 果实□ 籽粒□ 根□ 茎（插条）□ 叶□ 芽□ 花（粉）□
组织□ 细胞□ DNA□ 其他□</td></tr>
<tr><td>统一编号</td><td></td><td colspan="2">国家种质资源圃编号</td><td colspan="2"></td></tr>
<tr><td colspan="6">提供种质的优异性状及利用价值：</td></tr>
<tr><td>利用单位</td><td colspan="2"></td><td>利用时间</td><td colspan="2"></td></tr>
<tr><td>利用目的</td><td colspan="5"></td></tr>
<tr><td colspan="6">利用途径：</td></tr>
<tr><td colspan="6">取得实际利用效果：</td></tr>
</table>

种质利用单位盖章　种质利用者签名：　　　　　年　月　日

主要参考文献

中国科学院中国植物志编辑委员会 . 1961. 中国植物志（第 11 卷）. 北京：科学出版社
朱世东，李曙轩 . 1987. 荸荠球茎的形成与膨大 . 中国蔬菜，(2)：1 ~ 4
吕佩珂，李明远等 . 1998. 中国蔬菜病虫原色图谱 . 北京：农业出版社
赵有为 . 1999. 中国水生蔬菜 . 北京：中国农业出版社
蒲定福，李邦发，周俊儒等 . 1999. 小麦抗倒性评价方法研究初报 . 绵阳经济技术高等专科学校学报，16（2）：111 ~ 114
周国林，柯卫东 . 1999. 对种质资源中 10 份荸荠材料主要性状的观察 . 长江蔬菜，(12)：30 ~ 32
中国农业科学院蔬菜花卉研究所 . 2001. 中国蔬菜品种志（下卷）. 北京：中国农业科技出版社
叶静渊 . 2001. 我国水生蔬菜的栽培起源与分布 . 长江蔬菜，(增刊)：4 ~ 12
柯卫东，黄新芳等 . 2001. 水生蔬菜种质资源研究概况 . 长江蔬菜，（增刊)：15 ~ 24
柯卫东，刘义满，吴祝平 . 2003. 绿色食品水生蔬菜标准化生产技术 . 北京：中国农业出版社
孔庆东 . 2005. 中国水生蔬菜品种资源 . 武汉：湖北科学技术出版社
李峰，柯卫东，刘义满 . 2006. 荸荠研究进展 . 长江蔬菜，(8)：39 ~ 43
江文，李杨瑞，杨丽涛等 . 2009. 荸荠球茎主要性状观察及营养品质分析 . 中国蔬菜，(2)：51 ~ 54
潘丽 . 2011. 荸荠秆枯病病原学、侵染来源及品种抗性评价研究 . 华中农业大学
李峰，柯卫东，李双梅等 . 2013. 荸荠种质资源对秆枯病的田间抗性鉴定 . 中国蔬菜，(4)：82 ~ 85
李峰，彭静，李双梅等 . 2013. 荸荠种质资源品质性状综合评价 . 湖北农业科学，52（21)：5241 ~ 5244

《农作物种质资源技术规范丛书》

分册目录

2－18 豇豆种质资源描述规范和数据标准
2－19 绿豆种质资源描述规范和数据标准
2－20 普通菜豆种质资源描述规范和数据标准
2－21 蚕豆种质资源描述规范和数据标准
2－22 饭豆种质资源描述规范和数据标准
2－23 木豆种质资源描述规范和数据标准
2－24 小扁豆种质资源描述规范和数据标准
2－25 鹰嘴豆种质资源描述规范和数据标准
2－26 羽扇豆种质资源描述规范和数据标准
2－27 山黧豆种质资源描述规范和数据标准

3 经济作物

3－1 棉花种质资源描述规范和数据标准
3－2 亚麻种质资源描述规范和数据标准
3－3 苎麻种质资源描述规范和数据标准
3－4 红麻种质资源描述规范和数据标准
3－5 黄麻种质资源描述规范和数据标准
3－6 大麻种质资源描述规范和数据标准
3－7 青麻种质资源描述规范和数据标准
3－8 油菜种质资源描述规范和数据标准
3－9 花生种质资源描述规范和数据标准
3－10 芝麻种质资源描述规范和数据标准
3－11 向日葵种质资源描述规范和数据标准
3－12 红花种质资源描述规范和数据标准
3－13 蓖麻种质资源描述规范和数据标准
3－14 苏子种质资源描述规范和数据标准
3－15 茶树种质资源描述规范和数据标准
3－16 桑树种质资源描述规范和数据标准
3－17 甘蔗种质资源描述规范和数据标准
3－18 甜菜种质资源描述规范和数据标准
3－19 烟草种质资源描述规范和数据标准
3－20 橡胶树种质资源描述规范和数据标准

4 蔬菜

4－1 萝卜种质资源描述规范和数据标准

4－37　荸荠种质资源描述规范和数据标准
4－38　菱种质资源描述规范和数据标准
4－39　慈姑种质资源描述规范和数据标准
4－40　芡实种质资源描述规范和数据标准
4－41　蒲菜种质资源描述规范和数据标准

5　果树

5－1　苹果种质资源描述规范和数据标准
5－2　梨种质资源描述规范和数据标准
5－3　山楂种质资源描述规范和数据标准
5－4　桃种质资源描述规范和数据标准
5－5　杏种质资源描述规范和数据标准
5－6　李种质资源描述规范和数据标准
5－7　柿种质资源描述规范和数据标准
5－8　核桃种质资源描述规范和数据标准
5－9　板栗种质资源描述规范和数据标准
5－10　枣种质资源描述规范和数据标准
5－11　葡萄种质资源描述规范和数据标准
5－12　草莓种质资源描述规范和数据标准
5－13　柑橘种质资源描述规范和数据标准
5－14　龙眼种质资源描述规范和数据标准
5－15　枇杷种质资源描述规范和数据标准
5－16　香蕉种质资源描述规范和数据标准
5－17　荔枝种质资源描述规范和数据标准
5－18　猕猴桃种质资源描述规范和数据标准
5－19　穗醋栗种质资源描述规范和数据标准
5－20　沙棘种质资源描述规范和数据标准
5－21　扁桃种质资源描述规范和数据标准
5－22　樱桃种质资源描述规范和数据标准
5－23　果梅种质资源描述规范和数据标准
5－24　树莓种质资源描述规范和数据标准
5－25　越橘种质资源描述规范和数据标准
5－26　榛种质资源描述规范和数据标准

6 牧草绿肥

6-1 牧草种质资源描述规范和数据标准

6-2 绿肥种质资源描述规范和数据标准

6-3 苜蓿种质资源描述规范和数据标准

6-4 三叶草种质资源描述规范和数据标准

6-5 老芒麦种质资源描述规范和数据标准

6-6 冰草种质资源描述规范和数据标准

6-7 无芒雀麦种质资源描述规范和数据标准